U0033044

5W1H
經典思考法

容易獲得成果的人都在用

渡邊光太郎———著　高宜汝———譯

シンプルに結果を出す人の5W1H思考

六位正直的隨從

　　我是協助企業規畫策略、促進業務改革的顧問，同時也是企業研修課程及商學院的講師。

　　迄今曾在許多知名大企業等三百家公司，傳授多種思考工具（3C、價值鏈、4P等）給三萬多名商業人士。

　　過去主要由企畫經營或新事業開發相關人員、各事業群高層所使用的商業架構，隨著經營環境與決策方法的改變，現在已逐漸成為新世代與中堅幹部的共通語言。思考架構，正逐漸大眾化。

　　另一方面，在學習各種架構與創造、思考法的商業人士當中，無法順利活用所學，或是就算用了也並未增進工作表現的人急速增加，也是不爭的事實。換句話說，我們正被架構所利用。這樣的情況，我已經親眼見識過無數次了。

　　本書的主題為「5W1H」。我希望能透過本書，促使大家重新見識到5W1H思考法這個讓人能接近事物本質、開拓視野的思考工具厲害之處，並更進一步學會靈活應用的方法。拯救世上那些仍在架構及創造、思考法的大海中，

浮沉掙扎的新世代與中堅幹部們。

「都什麼年代了還在 5W1H ！？」感覺已經聽到有人在說這句話。

「5W1H 是小學國語課本或國中英文課本裡講的那個嗎？」「工作上能用到 5W1H 的，最多就只有在擬訂行動規畫的時候吧？」

的確，很多人都會輕視 5W1H。我自己也覺得，實際上幾乎沒有人真正活用這個魔法般的工具。

但是，絕對不能小看它。光是分散、拆解、組合、使用，5W1H 就能讓你的工作表現有飛躍式的成長。

已經在使用多種思考架構的人，可以藉由閱讀本書使效果更上一層樓（升級）。

還不懂架構的人，與其記住眾多感覺很難的思考模式，喔不，應該說讀了本書後，你可以在記住那些很難的架構前，先打好深且廣的用腦基礎，提高思考時的生產效率。

I keep six honest serving-men

（They taught me all I knew）：

Their names are What and Why and When

And How and Where and Who.

我有六位正直的隨從。

（他們告訴我所有我想知道的事）

他們的名字叫做什麼（What）、為何（Why）、何時（When），以及如何（How）、哪裡（Where）、誰（Who）。

這是以《叢林奇譚》聞名的知名英國諾貝爾文學獎作家吉卜林，在另一作品《原來如此故事集》中「大象的孩子」最後的詩句節錄。

這首詩告訴我們，不管是在高山的另一面，還是大海的另一頭，或是東方諸國、西方各國等世界任一個角落，只要使用 What、Why、When、How、Where、Who 就能無所不知。

吉卜林將 5W1H 稱為「六位隨從」。我倒深信 5W1H 是不拘泥於商場，能從包羅萬象的世界中給我們各種啟示的「六位賢者」。

目錄 · Contents

來買最棒、最開心的經驗

明確按下對方的行動開關

④什麼時候開始（How-When）

⑤具體該如何進行（How-5W2H）

徹底調查清楚顧客的想法和行動程序

①從顧客的立場列出原因清單

②從公司的立場列舉出原因

序
章

簡單卻強大的思考工具

給疲於思考架構的你

‧明明學了很多架構及創造、思考法，卻無法適當活用。

‧對所有事物都太過鑽牛角尖，常常被指摘「視野太狹隘」「多看看大局」「不要忘了目的是什麼」。

‧不擅長鎖定核心問題或解決問題根本。

‧提不出有說服力的策略計畫。

‧即使有點子也常被批評「數量太少」「太普通」。

　　在工作上，是不是曾經遭遇過上述情況呢？其實，許多活躍在商場第一線的人，都有這類煩惱或難關。

　　比方說，開頭提到的架構及創造、思考法，這些方法已不是企業部分領導階級的特權，在這個時代，包含新生代在內的眾多商業人士，都開始學習且活用它們。

　　PEST、5F、3C、SWOT、價值鏈、PPM、STP、4P、AIDMA、AISAS、產品生命週期、OO 流問題解決法、XX式創意發想法……相信各位讀者應該也聽過，或是曾經使用過其中一、兩個方法。

　　的確，這些架構或思考工具是開闊思想、整理思緒的強大武器，只要適時適所地善加運用，還能作為加深思想的思考工具。

　　可惜的是，我在跟許多商業人士共事的時候，卻感到

能有效活用這些思考架構並做出成果（分析得好或有好提案）的人非常少。

具體而言，商場上究竟發生了什麼事呢？

‧為了讓提案看起來更有內容，加入過多沒意義的架構去分析的「虛有其表型」。

‧只是習慣性地把資訊套進框架中，然後將其一一列出整理的「實況轉播型」。

‧不分青紅皂白地硬用架構，結果無法好好統整而使自己陷入混亂的「弄巧成拙型」。

這三種「架構症候群」已經蔓延在大街小巷之中。

這些症狀的共通點，就是不知道自己為何要用這些架構（想找出什麼重點）。換句話說，架構症候群的人不擅長讓思考化繁為簡，直搗核心問題。

一般來說，每個架構都有適合的目的和使用場合。比方說，分析事業策略的話要用 3C、找出事業課題得用價值鏈，基本型架構大概就有 20 種，光是記住就非常辛苦了。只靠一股衝勁或臨時起意來運用而使自己身陷架構症候群，在某種程度來說也真的是無可奈何。

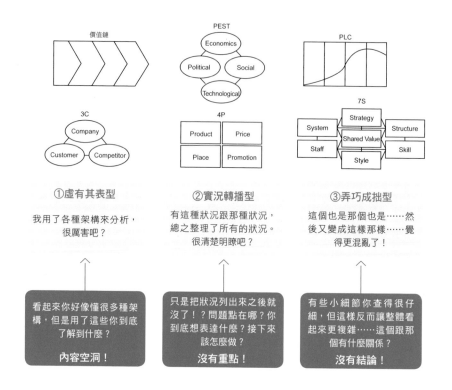

圖表 0-1　3 種「架構症候群」

①虛有其表型

我用了各種架構來分析，很厲害吧？

看起來你好像懂很多種架構，但是用了這些你到底了解到什麼？

內容空洞！

②實況轉播型

有這種狀況跟那種狀況，總之整理了所有的狀況。很清楚明瞭吧？

只是把狀況列出來之後就沒了！？問題點在哪？你到底想表達什麼？接下來該怎麼做？

沒有重點！

③弄巧成拙型

這個也是那個也是……然後又變成這樣那樣……覺得更混亂了！

有些小細節你查得很仔細，但這樣反而讓整體看起來更複雜……這個跟那個有什麼關係？

沒有結論！

　　因此，我非常推薦本書提到的 5W1H 思考。它能讓你用更廣闊的角度看待事物並直搗核心，是帶來新觀點和想法提示的萬能思考工具。

　　5W1H 思考法能幫助我們提出課題、發現‧解決問題、構思創意點子、打造有說服力的戰略邏輯或溝通等，能活用在各式各樣的商業場合中，使工作表現有飛躍性的成長。

5W1H 是有成果的人的標準配備

在這個時代，核心問題比答案更重要。因為各種情報都能即時接收，輕而易舉地就能活用大數據。我們有太多方法能找到答案。

像是馬賽魚湯的食譜；以前要看專業書籍才能做的高湯，現在只要上網搜尋一下，就能在短時間內找到從超省時到超專業等數十種食譜。賞花的私房景點排行，也一下子就能找到。就連大學做報告時想引用大英圖書館的珍貴藏書內容，也可以立刻在網路上查到。

只要輸入關鍵字，想找到多少「答案（情報）」就有多少。我們已經習慣這種得出結論的方法。可是，光憑這種做法不但無法創造出新價值，也做不出與他人的差別，因為每個人都做得到。因此，能引導出獨特答案的「問題」，才能衍生出差異。

能化繁為簡的核心問題，以及多樣性的問題才是重點。這些好問題，就來自 5W1H。

請看下圖。那些視野廣闊，能看清事情本質、又很有思考能力的人，時常具備 5W1H 的扇子，並同時做好適當提問（自問、發問）的準備。

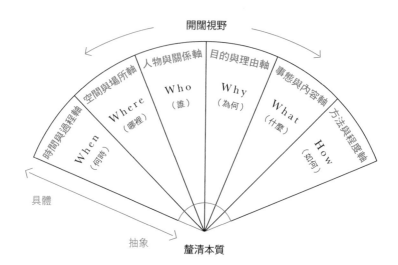

圖表 0-2　開闊視野，釐清本質的 5W1H

開闊視野

時間與過程軸　空間與場所軸　人物與關係軸　目的與理由軸　事態與內容軸　方法與程度軸

When
（何時）

Where
（哪裡）

Who
（誰）

Why
（為何）

What
（什麼）

How
（如何）

具體

抽象　　釐清本質

5W1H 如同大家所知，是由何時（When）、哪裡（Where）、誰（Who）、什麼（What）、為何（Why）與如何（How）等六種要素構成，是整理情報的重點組合。（有時候還會加上多少〔How many ／ How much〕組成5W2H）。

表現好的人不會只將 5W1H 用在整理情報重點，或構組行動計畫等表面行為。

他們分別將 When、Where、Who（Whom）、Why、What 或 How（How much ／ How many）等要素，視為「時間與過程軸」「空間與場所軸」「人物與關係軸」「目的

與理由軸」「事態與內容軸」及「方法與程度軸」等概念，下意識地運用這些思考工具來開闊視野及防止遺漏重點。在發現問題、構思點子、說服他人或解決問題時，將能開闊視野且釐清本質的 5W1H 分散、拆解，或是組合。

商場上有成果的人或組織，其實都裝載著 5W1H 的標準配備。

光靠 5W1H 就能做到這些事

具體而言，5W1H 究竟能做到哪些事呢？接下來就以事例解說其概要。

① 【發現問題】以 Big-Why 回推「真正目的」（→第一章）
～ Hogy Medical「白內障手術包」的大熱銷～
請先回答以下問題。如果是你，會在以下空格裡填入什麼？你會怎麼定義自己的公司（部門）業務呢？請花點時間思考一下。

「我公司（我的事業部）主要販售『　　　　』」

如果理所當然地打算填入自家公司的商品（名），就要特別留意了。

製造醫療相關產品的公司 Hogy Medical，當初也是如此。現在他們是製造針筒、手術刀、縫線等多種手術相關消耗品，創造高銷售純利（2017 年 3 月期：16％）的優良醫療相關器械製造商。不過，他們以前主要的販賣手法卻是將產品拿去向醫師一一推銷，因為他們認為自己只是賣針筒及手術刀等用品的業者。

　　但是，在重新審視「我們公司是為了什麼存在？」「為什麼顧客不買我們的產品？」等目的（Why）之後，他們發現顧客重視的並非「安全地在短時間內完成手術」；同時更進一步察覺到，顧客追求的真正目的（Big-Why）是「增加一天內的手術數量，改善醫院的經營狀況（事業收益）」。於是，Hogy Medical 以回推出來的結果，重新定義了公司的事業目的。

圖表 0-3　Hogy Medical 重新定義事業目的

　　結果，包含將自家製造的 42 種器材包裝成一包的「白

內障手術包」在內，Hogy Medical 針對各種疾病，開發了因應各手術的器具包。有了手術器具包之後，醫院的手術前置準備時間，從平均 76 分鐘成功減少至 10 分鐘，讓一天能進行的手術，自 7 件增加至 21 件。這不只大幅提升醫生的工作效率，也幫助醫院改革了經營狀況。

在提供更好的商品或服務給客戶時，我們通常會習慣去思考對方直接口頭提出的要求，或是去比較競爭對手的商品規格。

可是，處於越趨複雜的經營環境中，經常連客戶自己都沒有察覺到真正想追求的是什麼。因此，若只是表面分析顧客的需求，得不到有益的答案。目光短淺地汲汲營營於和競爭對手打規格或價格戰的話，只會陷入惡性循環之中。

在這種狀況下，更需要去反覆用 Why 問自己，並以此回推真正目的（Big-Why）的原點。像 Hogy Medical 一樣，藉由回推出更深層的目的，重新找到公司的存在意義並創造優秀成績的企業有很多。征服「為什麼」的人，就能征服工作。

② 【構思點子】用 5W1H 擴展「思考範圍」（→第二章）
～「能面對面的國民偶像」AKB48 的原點～
稱霸日本女性偶像團體的 AKB48，自 2005 年出道以

來已過了十多個年頭，至今仍活躍於演藝圈，不見頹勢。「每天都在劇場舉辦公演，讓人能看到成長過程的偶像很有趣。」總製作人秋元康設定的概念，其實正凝聚了和過去的偶像不同的精華所在。

一直以來，普通的偶像大多致力於增加在電視上等其他媒體的曝光度，或是走訪各地（演唱會等）增加粉絲等。他們通常會配合某個特定節日出席活動，場所並不固定。

另一方面，AKB48 的活動原則卻是「每天（When）在固定的劇場（Where）舉行公演」，鎖定宅男聖地秋葉原展開活動。在車站前的著名商場、唐吉訶德八樓的私人小劇場「AKB48 劇場」，每天幾乎都有表演。

換句話說，「何時、以何種過程來活動（When）」「在哪裡、哪種場合中表演（Where）」等簡單的疑問，或許正是這個獨特概念的靈感來源。

通常，向大眾介紹新的偶像時，幾乎都會將重點放在成員本身的個性或表演的曲目、表演內容等（What），或宣傳手段、曝光的媒體等（How）賣點上。在這方面大大顛覆思考迴路，說是 AKB48 的成功關鍵也不為過。

另外，在誰是目標客群（Who）上，AKB48 也與過去有極大差異。雖然 AKB48 現在受到各年齡層歡迎，但以前的目標客群是那些聚集在秋葉原、年齡從青年到中年的追星宅男。追星宅男的要求與標準都非常高，是傳播力極強

的小眾族群。AKB48 的粉絲設定，也跟過去的偶像不同。

AKB48 把最初的目標設定在口味刁鑽的小眾追星宅男（Who），以能和粉絲面對面的私人小劇場（Where）為中心，365 天每天（When）舉行歌唱表演或各種活動，定位為成長型偶像。

AKB48 從與粉絲的近距離接觸，蒐集反應與需求，藉此改善或創造嶄新的舞步及樂曲，再將成果與粉絲分享。以這個 Who-Where-When 三位一體的強力回饋循環來增強實力，最終成功進軍全國。

圖表 0-4　AKB48 獨特的活動概念

5W1H		過去的偶像	AKB48
Who（Whom）人物關係軸	【構成人員】誰	固定成員（單數・複數）〈————〉	變動成員（多數）
	【目標】對誰	大眾粉絲・單向〈————〉	小眾宅男（當初）・雙向
Where空間場所軸	【據點】在哪裡	全國（廣域）〈————〉	秋葉原（狹隘）
	【場合】在哪種場合	場所不定〈————〉	固定小劇場
When時間過程軸	【活動日】何時	特定日期〈————〉	每天
	【活動過程】以何種時間概念	活動與休息期間明確〈————〉	沒有休息期間的概念

如上述般，只要套入 5W1H 這個簡單發問法後，就能好好整理思考，簡單比較出與其他事情在本質上的不同。如此更能構思出跳出框架的點子，還能開拓靈感思維。

③【說服他人】用 Why-How 打造「具說服力的邏輯」（→第三章）

～新事業提案中被採用的戰略企畫～

在某間公司新事業提案的會議上，管理階層坐一排等著聽報告，而我以企業顧問的身分出席，聆聽多個小組經過四個月調查、分析擬出的新事業戰略企畫。

幾乎所有小組都將這期間內學會的 5F、3C、價值鏈、4P 等思考架構全數運用在提案上，卻遭管理階層針對提案本質一針見血地指出錯誤。

「爲什麼不是瞄準 A 市場或 B 市場，而是瞄準 C 市場呢？」「我能感受到你對市場分析得很詳細，但是具體而言到底是誰會買這些商品？」「能立刻做到這些事嗎？概要也好，至少寫出展開新事業的步驟吧」等等。

大部分的提案都只是運用各種架構去分析，反而讓自己的論點分崩離析，或是偏離眞正想表達的重點，最後忘記到底什麼才最重要。

不過，有一組好好回答了所有管理階層針對本質提出的疑問跟擔心（就是我指導的小組）。

他們分別闡述了分析與討論。他們的提案以 5W1H 爲基礎，明確又恰到好處地掌握了重大論點。

整體邏輯結構如同下圖般，呈現「Why-How 金字塔」狀。最終，這組完勝其他組，並成爲唯一讓管理階層決定將提案納爲新事業的組別。

如圖示，他們並非僅僅陳列出 5W1H，而是將事業策略的必須要因轉換成適當的提問（論點），使整體變得簡單明瞭，自然能建立起強力策略邏輯的重點結構。

在發表重要提案的時候，像這樣妥善運用 5W1H，就能不被架構給綁架，提出非常有說服力又堅固的策略邏輯。

圖表 0-5　提案新事業時不可或缺的說服邏輯

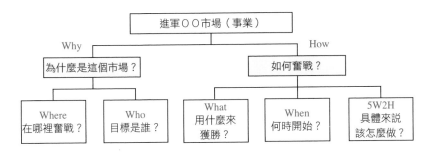

④【問題解決】以 3W1H 篩選「有效絕招」（→第四章）

～中型家電量販店的改善銷售額計畫～

工作，就是不停地發現問題與解決問題。某間中型家電量販店的銷量一直持平，雖然幅度不大，但最近正爲了

來客數持續減少而苦惱。這時，你會採取什麼行動呢？

　　該不會突然心情沉重地針對為什麼來客數會減少（Why）而絞盡腦汁思考，結果就急著決定解決對策，像是多發一點夾報廣告、把招牌改大一點、價格再便宜一點等？

　　商場上流傳著「思考五次為什麼」的說法。但若在這時直接思考來客數減少的原因，會出現各種可能，最後便無法好好統整出結論。

　　還好，這間公司的經營企畫部負責人很優秀，他了解每個問題的關鍵與對策，再以適當的方法去解決。如下圖步驟，他沒有突然跨入下游，而是按部就班，從上游步驟開始分析。

圖表 0-6　改善營利最有效的解決對策

上游		下游	
What 要解決什麼？	Where 哪裡不對？	Why 為什麼會發生？	How 該怎麼做？
·問題在於來客數減少了嗎？ ·其實消費人數（購買率）減少才是真正的問題所在？	·來客數中哪種客層變少了？ ·星期幾的哪個時段來客數變少了？……	·為什麼客人不想來這間店？ ·店面宣傳太差？ ·競爭對手把客人都搶走了？……	·加強廣告宣傳 ·售價再低一些……
設定問題	鎖定問題點所在	追究問題原因	提出解決對策

換句話說，不要一開始就去解明原因（Why），而是正確的鎖定問題點所在（Where），也就是「哪裡出了問題」。

　具體來說，他們透過實際調查，掌握「哪個客群的來店數少了多少？」「星期幾的哪個時段來客數變少了？」再藉此找出主要原因（Why），依此順序釐清問題。

　話說回來，真的有必要將來客數減少視為必須解決的問題嗎？經過一連串分析後，他們追溯到問題的根本（What）。實際上，他們也發現離該店最近的車站，客流量開始下降。不過，像這種外部或結構問題通常無法解決，也因此能更進一步專注於其他較容易解決的問題。

　在分析實際調查結果後，他們決定將重點放在完全不買東西、兩手空空走出店外的客人身上。他們提出「比起來客數，消費人數（購買率）減少才是真正的問題所在」的假設，並以此重新定義了真正該思考的問題。

　藉由驗證這個假說並分析主要原因，他們搶先其他競爭對手，推出「店內電視購物」服務及成立「放心問我小組」等對策，成功在來客數不變的情況下，提高了顧客消費率。

　要解決什麼（What）→哪裡不好（Where）→什麼原因造成的（Why）→該如何解決（How），如這個例子，將 5W1H 打散後再好好串連起來，就會成為最強的問題解決法。有非常多表現優異的人或組織，都在實踐這種思考

形式。

　雖然花了點時間，以上就是我想介紹的實際活用範例。5W1H 的用法靈活自在，你可以單獨使用其中一種，或是將多種組合起來運用。相信現在的你應該能理解或感受到，只要妥善運用，5W1H 就能成為非常強大的思考工具。

商場必備，這四種情境下效果強大！

　本書將提出多個實際案例來解說 5W1H 的活用法。

　每個例子都是商業人士熟知的情境，能立刻應用於日常業務中，建議可以從有興趣的章節開始逐步運用看看。

　重新整理書中範例，大致可分為以下四種情境。

圖表 0-7　5W1H 能應付工作上各種情境

①〔發現問題〕開始著手某個課題時、開始思考某件事物時。

　　具體而言，包含了開始著手解決某個問題時、構思新產品‧新事業計畫時，以及遇到瓶頸時等狀況。在面對接下來三種情境時，希望大家都能先經歷的基礎過程。

②〔構思點子〕想擴張視野與思考範圍時、想大量構思獨特靈感時。

③〔說服他人〕架構有說服力的邏輯時、想請人幫忙或採取行動時。

④〔問題解決〕想鎖定問題本質，有條理地解決問題時。

　　5W1H 不只能拿來擬定行動計畫，也能讓你在各種商業場合中提出問題、發現或解決問題、構思創意點子、進行有說服力的溝通等，使表現更傑出。

　　下頁表格爲 5W1H 與其他思考架構比較後的結果，請務必參考看看。

　　5W1H 能防止人們陷入其他思考架構容易出現、使人思考遲鈍或停滯與混亂的狀況。

　　它是重要的指南針，能幫助人找出關鍵論點，得以進行有益的分析。尤其對下列類型的人來說更能派上用場：

圖表 0-8　5W1H 與其他思考架構的比較

	5W1H	其他思考工具
一般認知程度	每個人都聽過。	只有專業或特定人士知道。
廣泛運用度	能運用在各種情境下，而且帶來正面影響。	每個架構都有自己專用的某個目的。
難易度	只有六項搭配組合。只要掌握整體結構，使用起來更順手。	數量繁多，光記住就很難。大多無法正確使用（容易陷入架構症候群）。
角色	提供單純論點以開闊視野，進而找出關鍵。思考遇到瓶頸時，可協助回歸原點。	把握事實細節或找出分析角度。
善用的技巧	能隨心所欲地打散、拆解、組合。	運用各架構相關專業知識以得出結論。

．企圖併用其他思考架構，使分析及說明更加有力的人。

．思考過程中遇到瓶頸想回歸原點的人。

．不拘泥於方法，想盡量簡單思考的人。

．無論如何想更進一步發想或思考的人。

　　認知度及通用性皆高、簡單又好用的思考工具，就是5W1H。

　　從下章開始，一起來看看其他具體的使用方法吧。

第一章

發現問題

用 Big-Why
回溯真正目的

你的回溯思考有幾分？

請回答下表問題，並從 A 或 B 裡選出符合或較傾向自己的選項。當然答案會視情況有所不同，但請盡量以直覺輕鬆回答即可。

		A	B
Q1	第一次介紹自家公司商品給顧客時，你會？	以商品規格有多好、價格比其他公司還划算為重點。	以這個商品能如何改變工作及生活為重點。
Q2	仔細吩咐工作給部屬（後輩）後，發現他的臉色沉重，你會？	再一次仔細說明待辦事項。	說明為什麼要做這件事的目的及背景。
Q3	上司拜託你整理資料時，你會？	腦中浮現想拜託他代為整理資料的部屬。	腦中浮現拿到資料後上司的上司的表情。
Q4	會議上向主辦者提問時，你常問的問題是？	大多是問「怎麼做」。	大多是問「事情原本應該是怎樣」的問題。
Q5	修改部屬（後輩）寫的資料時，你會？	主要改語句順序跟用字。	主要改標題跟追加或刪減項目（論點）。

回答得還順利嗎？答案跟說明於本章第 77 頁介紹。

回溯真正目的 Big-Why

第一節

徹底追究目的中的目的

在處理商業課題或思考該做些什麼的時候，先考慮目的是理所當然的事。

可是我們看到的目的，會不會只是表面？目的中的目的到底為何？本章重點就是要教大家養成徹底追究的思考方式。

如序章提到白內障手術包大賣的事例，關鍵在於等級高於我們平常的認知，有真正目的、需求及目標的「Big-Why」。

只要更進一步追溯 Why，就能更接近核心的課題（＝該思考的事），就像站在山頂往下眺望般，能開拓思考的眼界。找出真正目的及最終問題所在之後，更可能得到超出預期的成果。

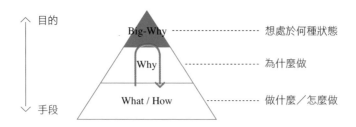

圖表 1-1　回溯至高層次的 Big-Why

目的

Big-Why ----------------- 想處於何種狀態

Why ------------- 為什麼做

What / How ------------ 做什麼／怎麼做

手段

　　請看上圖表。我們在處理某項課題時，大致上可分成三個階段思考。

　　從下往上說明的話，What 跟 How 意指「做什麼」「怎麼做」，即是在討論對策內容跟實施手段等，也能說是在討論處理事物的方法。

　　接下來是 Why，「為什麼做」與 What 跟 How 直接的目的與理由有關。然後再更進一步向上探究的話，得到的結果就是 Big-Why。可以說是處理事物時最理想的「狀態」。

　　當然，這些區分只是相對的結果，沒辦法斷言某個行為或某件事的這部分是 What、那部分是 Why。Why 和 Big-Why 亦然。

　　重要的是時常保有「這不是 What 或 How 的內容吧？」的警覺心，同時有意地朝 Big-Why 方向思考。然後再以此為原則，重新思考 What 跟 How，形成倒 U 字型的思考流程。

什麼是往上回溯？

話雖如此，但我們大多還是在下層兩階段內思考。不，搞不好只把最下層當視野中心也不一定。

比方說，因為想瘦下來（Why），所以每天早晚跑三公里（What）的直接目的及手段。但是，明確地意識為什麼想變瘦的真正理由，也就是瘦下來後真正想達成的目標（Big-Why），這樣的人應該少之又少。

此外，像是超市業者發現顧客買現成配菜（What）的目的，是想簡化調理步驟（Why），卻幾乎沒有人會進一步思考，為什麼顧客想簡化步驟？省下來的時間想用來做什麼（Big-Why）？

圖表 1-2　試著往上一層、兩層回溯思考後

	為什麼要減重？	為什麼要買現成配菜？
Big-Why	想變美引人注目、想維持健康。	不想弄髒廚房、想與家人多相處。
Why	想變瘦。	想免除下廚的麻煩。
What / How	每天早晚跑 3 公里。	買熟食。

若想解決更根本的問題或是獲得更多點子，必須從更上一層或兩層去回溯思考才行。

以想變瘦為例，要試著回溯找出變瘦後真正想達成的事情（Big-Why），並文字化。

比方說「想讓身心都變美，得到大家的關注」或「預防生活習慣病，維持健康」等，只要意識明確的大目標，就能看到不同的解決方法跟小祕訣。

所以在買現成配菜的例子中，多次反問「為什麼想簡化步驟？」「省下來的時間想做什麼？」說不定會出現各種理由，比方說「不想弄髒廚房」「難得家人團聚，想多一點時間交談」「不想在深夜因為洗東西或下廚發出聲響」等。

只要回溯 Big-Why 並找出這些高層次的需求，不管是熟食店或超市，都能以各種對策做出與其他店的區別。現在有超市特別設置了寬敞、開放時間到深夜的用餐區服務，想必是追根究柢想到了這層需求吧。

難以察覺到的，才是解決問題的重要礦源

回溯思考也能套用在日常工作上，像是聽到客戶要求「我想要○○」（What），或是上司下達「幫我整理○○資料」「幫我想○○」（How）等有關採取行動的命令時。

此時，不要完全不經思考就開始盲從地動手，最好先明確思考目標（目的）的狀態（態度），到幾乎可視覺化

爲止。如「爲什麼想要」「想透過此行爲達成什麼目的」「爲什麼開始考慮這件事」（Why）等。

請看下圖。我們一般容易著眼在 What 或 How 等級的表面行爲或事徵。可是，如果只思考這些問題，難以掌握眞正的本質，也無法解決根本的問題。

此時，越能回溯思考到較難察覺的高等級 Why，越能擴展自己的思考領域。

圖表 1-3　難察覺的 Why，易發現的 What / How

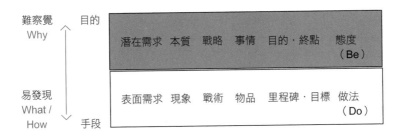

回溯更廣的 Why 等級時，會察覺到更多方向或選項，並得以靈活運用。相信到這階段，就能客觀地判斷某個行爲或手段安當與否。Big-Why 正是得出卓越成果的礦源。

接下來將以各種具體實例，進一步說明回溯思考 Big-Why 時的重點及注意事項。

回溯到哪裡，
是決定成敗的分水嶺

第二節

無紙化運動的目的只是爲了減少支出嗎？

找出 Big-Why 的回溯思考，具體而言是怎麼一回事？用實際案例來理解吧。

A 是某間公司很有能力的總務，公司最近的營業額非常穩定。兩個月前，老闆宣布要在公司推行無紙化運動，而他成爲活動的統籌。

某天早上，老闆突然叫 A 報告無紙化運動的進度。A 在整理相關活動內容與實績後，這樣跟老闆說明：

「報告目前爲止的結果。整間公司的影印用紙量跟會議資料用紙量，比起宣導前減少了 18％。原先的預期目標是在兩個月後減少 15％，所以就這個結果來說，無紙化的普及速度比預期的還快。紙張費與影印費用的總支出，也以相同比例減少中。依部門來看……」

到此爲止，老闆還是心情很好地邊聽報告邊點頭。

「聽起來很順利。你是怎麼宣導的？」

A 一邊看資料，一邊回答：

「我們請各銷售部門策畫宣導無紙化的計畫，每週騰出兩小時來討論進度與對策。接著把結果交給總務部，由我們來統整。總務部會和各部門的計畫負責人每週開一次會，討論目標、進度與解決方案。大家都非常熱中，特地撥時間來開會……」

聽到這裡，老闆臉色越來越差。

「喂！你眞的了解爲什麼要推動無紙化嗎？！」

究竟，老闆爲什麼發怒呢？無紙化運動的眞正目的（老闆的最終目標）又是什麼呢？

用 Big-Why 找出事物的眞正意圖

一般而言，所謂無紙化是針對公司內部文書，省略會議等場合使用的紙本資料，減少不必要的印刷品。這十幾年來，不僅辦公室急速數位化，數位用品的性能也飛躍進步，但還是減少不了對紙的依賴。

圖表 1-4　無紙化運動的目的是？

Why
一般目的等級 ----------- 減少無意義的公司內部
程序及間接成本

What / How
手段等級 ----------- 減少紙張或印刷費用等
直接成本（無紙化運動）

案例中的無紙化運動，目的應該有許多層面，若以回溯思考來表示，就會像上頁圖一樣。最直接的目的，當然是減少用紙量或碳粉等花費的成本。

但是，其實背後有著更深層的目標。老闆希望藉由無紙化運動，減少為做而做的紙本資料，以及只為了報告進度而開的無意義會議，還有將呈報與決議等手續電子化或簡易化，使業務程序更有效率。

又或是，雖然圖上沒寫，防止機密文件外流或遺失等危機管理以及提升公司形象，可能都是目標之一。

若再進一步思考，結果又會如何呢？無紙化運動只是為了使公司內部業務程序更有效率或更簡易嗎？無紙化減少了會議時間跟次數、減少影印或做資料的麻煩與時間，並加快了決議手續，有這些改變就夠了嗎？

業績穩定的公司，也意味著業績沒有成長。如右圖所示，考慮到這點再來思考，就會發現員工的工作方法是以公司內部為主要考量。

為了報告做資料或開會，在文書事務上花費太多時間等情形，都有可能是老闆憂心的問題所在。

以無紙化這種簡明易懂的手段（活動）為名義，實際上是想透過它，讓員工從對內變成對外，營造以客人為主的思考風氣，才是老闆的真正目的。

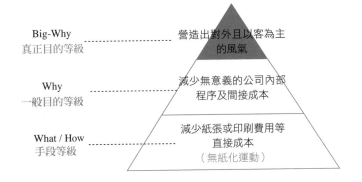

圖表 1-5　無紙化運動的真正目的

Big-Why
真正目的等級 .... 營造出對外且以客為主
的風氣

Why
一般目的等級 .... 減少無意義的公司內部
程序及間接成本

What / How
手段等級 .... 減少紙張或印刷費用等
直接成本
（無紙化運動）

更具體來說，營造出對外為主的風氣，如此，員工與顧客接觸的時間不僅變長，還能迅速對應顧客需求，提供有價值的服務，才是老闆真正鎖定的目標。

因此，聽到 A 在報告中提到銷售部門每週都花兩小時討論進度與對策，還請他們報告結果，讓總務部來統整，並且新增每週的追蹤會議等，可說是完全與目標相左，只是增加公司內部程序並使風氣更向內的狀況，老闆才會憤慨地說「你們一點都不懂我的意圖」。

思考該做什麼之前，先回溯想變成什麼

對老闆而言，印刷費等直接成本不管減少多少，只要員工與顧客接觸的時間或能提供有價值的服務不增加，或

是沒有一個人抱持這種理念或行動的話，無紙化運動是完全沒有意義的。

我們無法得知老闆是否有告知總務部等各部門首長計畫的真正目的，但可以確定的是，負責實行計畫的 A 回溯思考的程度太淺了。

A 應該針對為什麼要做這件事（Do），回溯至想變成什麼（Be）。

這個例子的目的若只是思考減少印刷量或減少會議等「Do」程度的想法，可說是不完全的回溯思考。應該要以「Be」程度的思考為目標，「做了這件事後會變成什麼狀態？」「想以何種態度去完成？」一層、兩層地向上回溯思考。如此，才能明確找出 Big-Why，思考的視野才會真正開始變得更廣，找到更多選擇。

能以「營造出對外並以顧客為主的公司風氣」＝「營造出對外為主，員工與顧客接觸的時間不僅增長，還能迅速應對需求，提供有價值的服務」般具體的狀態，來定義無紙化運動的真正目的，就能看到無紙化運動（What）以外的各種實行方法。

如右圖，向上到達 Big-Why 的程度後，再開始往下思考 How 或 What。正是倒 U 思考的後半段過程。

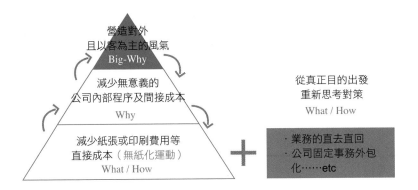

圖表 1-6　從 Big-Why 往下走就能看到新策略

這麼一來，就能想到其他對策，比方說新增直去直回的業務獎勵或公司業務外包化、設立 24 小時客服中心等增加與顧客互動時間的方法。

如果是打算簡化公司內部決議或審議過程，藉此讓重心放在外部的話，也可以嘗試義務性減少內部會議或開會時間等直接的手段，或是組織平面化、（重新設計）刪減公司內部的重複流程等方法。

另外，也能用必須遵守的行為規範與價值觀的明文規制，向員工強力宣導等，甚至把這些方法組合後推行。

像這樣，只要去回溯 Why，更上一層從做法發現態度，觀察事物的角度就會自動提升。視野就會像站在山頂往下俯瞰般，看到廣闊山腳下的風景（各種選項或組合）。

在日常業務套用 Big-Why

輕忽回溯的各種症狀

其實在各組織中，都能發現像 A 一樣輕忽回溯 Big-Why 思考、對目的敏感度降低的症狀。以下三種狀況又可以說是典型的原因：

①本就缺乏目的（Why）的「目的虛無化」。
②回溯不充分，導致搞錯目的的「手段目的化」。
③目的成為純粹標題的「目的過度抽象化」。

陷入這些狀況後，我們的視野與思考範圍會在不知不覺間越見狹隘。

①目的虛無化 —— 停止思考的人與組織

這是缺乏「為什麼」的狀態，特別會出現在有歷史的公司組織中。長久以來從沒思考過一直遵守到現在的習慣或規定，沒有一個人能明確說明為什麼要這麼做或是為什

麼要做。

當初會制定規定，一定有其目的或意義存在，但許多企業在經營環境改變之後，卻仍墨守成規。即使有人提出疑問「為什麼要這麼做？」也只能得到「以前就這樣所以現在照做」「這是以前規定的事，做就對了」等回答，沒有人了解真正的目的跟意義，也不去追究。

比方說，朝會跟午會。讓員工不明究理地一直輪流當主持人與發言人，然後如流水帳般報告最近的業績達成狀況及一成不變的聯絡事項等，讓參加的人感到「被迫參加」「浪費時間」的定期活動。

原本是為了提高員工之間的溝通技巧，或是交換點子才準備的活動，目的卻早已成為遠古傳說。

其他如新春賀卡、中元節禮物、尾牙禮物、過年前後的顧客訪問等傳統禮節、必填欄位超多的月報資料，或是滿是空白欄、只見顯眼紅色印章的程序文書等，都屬於虛無的目的。

這些 Why 如果虛無化或有名無實化，整個組織只會淪為處理被賦予任務的場所。

整體環境及事業內容等前提明明已經改變，卻盲目地硬是將過去的 What 遺留到現在的文化越趨嚴重，組織的活性就會明顯下降。有名的 What 與無實的 Why，意味著人與組織已停止思考、停止成長。

②手段目的化 —— 無法創造出新價值

　　所謂手段目的化，意指我們容易將注意力放在具體的業務和方法上（What 或 How）。又因為有實體，容易將執行變成主要目的，反而置真正目的（Big-Why）於不理的狀態。

　　比方說，業務常常被要求寫日報。原本寫業務日報的目的是仔細回想今日工作時的狀況，防止自己重蹈覆轍，並培養有效推銷方法的習慣。對組織來說，累積各業務人員的推銷好習慣後共享給彼此，養成會思考的團隊是原本寫日報的主要目的。

　　可是，一旦「寫日報交出去」淪為目的後，日報內容可能只會是毫無思考、單純複製貼上的文章。業務只會想著該如何草草應付，早點把日報交出去就好。

　　這種手段目的化的情況若增加，就會跟目的虛無化一樣，使組織本身僵硬化。太堅持某個目的化的既存策略或手段的結果，會令自己無法有彈性地改變方向或臨機應變，無論回溯 Why 能得到更多點子或解決方案都沒用。

　　順帶一提，為解決顧客問題，以「更薄」「更快」「更好看」為目標的廠商，幾乎都屬於手段目的化。這類型當中最恐怖的狀況，就是把提升性能與功能當成目的之後，不知不覺間將其當成最核心的問題。這樣不但無法回應眼前顧客的需求，更無法超越顧客期待，創造出新價值。

③目的過度抽象化 —— 找不到終點

有時候為了回溯出最關鍵的目的，需要適時抽離具體的手段或方法，抽象思考。

但是目的若過於抽象，以華麗詞句來總結，會導致我們無法想像努力的終點為何，或產生每個人對結論的解釋不同等弊病。這也是許多人或組織團體深陷的症狀。

比方說，只用「活化組織」「全球化」「解決問題企業」等常見的大詞彙來定義目的或終點的話，不僅不能開拓視野，還會模糊眼界。而且容易產生誤解，最後淪為人或部門各自闡述，以空有其表的標語作結。

當目的過於抽象時，我們只會將其當作標題以立名目。先前提過的無紙化運動，若將目的僅設為培養以顧客為主的公司風氣，大部分人都會不明所以。若要設定目標，至少內容要像「以客為主的風氣是指⋯⋯與顧客的互動時間增長」，並且同時展示具體的重點及優先順序，使聽者能夠想像出整體模樣才行。

東京迪士尼回歸原點的能力

與這三種「症狀」完全相反，東京迪士尼樂園成功達到了健全的關鍵目的（回歸原點）。

東京迪士尼樂園最為人所津津樂道的是他們優越的顧

客服務，2011 年 3 月 11 日東日本大震災時的應對態度，讓這點更加廣爲人知。

尤其是工作人員採取的行動特別優秀，當時掀起一陣熱烈討論。以下例子應該很多人都聽說過。

「H 小姐是在這裡打工約五年的工作人員，她回想起當時表示：『我跟客人們說請用這個保護頭，然後把店裡賣的達菲熊布偶給他們。』會這麼做是因爲她聽到公司下達指令，只要能確保顧客安全，園內的所有東西都可以拿來使用。而她覺得布偶可以用來代替防震帽，所以……」

雖然說是緊急狀況，但是在建築物未開始崩壞的情況下（當然也是在無法預測之後會發生什麼的情況下），一般來說，即使判斷時間再怎麼短促，也不會想到要拿重要的商品當防震帽。何況還是打工人員所做出的判斷。

面對緊急狀況時，工作人員還能不被慣例與規則束縛，做出指導手冊中不可能出現、保有廣闊思考及彈性的行爲。正是因爲他們有「我們（東京迪士尼樂園）的真正目的是什麼」「在該目的之下，現在需要優先處理的是什麼」「現在的職責是什麼」等，健全回溯真實目標的概念。

用 Big-Why 套入行動標準的日常

營運東京迪士尼樂園的公司 Oriental Land，企業理念

是將自由且新鮮的靈感當成原動力，提供夢想、感動、喜悅、安寧。

因此，聽說他們一年中有 180 天都在進行防災演習。他們每兩天就在設施中的某處進行訓練，做好萬全準備以應付各種緊急狀況。

他們透過這種實際操作，思考「提供幸福」的眞意爲何，並身體力行融入組織結構之中。

因此，這個理念跟先前提到的目的虛無化呈現對比，使活生生的工作工具賦予了每個員工最實際的答案。

假設工作人員的目標只是在店內販售周邊商品，不可能做出免費發放布偶代替防震帽的決定。

正是因爲他們理解販售商品，只是爲了達到眞正目標「提供幸福」的一個手段，才會在不陷入手段目的化的情況下，做出適當的應對。

成功回溯高層次目的的時候，手段的意義就能跨越既有概念，變得更自在靈活，也得以連結到各種做法。有時候，這個結果會轉化成令顧客感動的體驗價值。

此外，能做到這種應對的原因還有一個，就是與理念連結、明確的「行動標準」。

東京迪士尼樂園（度假村）裡有個全員工都知道、爲了達成目的（理念）的優先順序「The Four Keys ～四把鑰匙～」（SCSE）：依序是「安全（Safety）」「禮儀

（Courtesy）」「表演秀（Show）」「效率（Efficiency）」。先前提到的報導也寫到確保安全是第一優先。

夢想國度提供幸福的目的，是貫徹 SCSE 的順序才得以成立。像這樣設定目的同時，制定更具體的判斷標準，才能讓工作人員毫無疑慮又有自信的採取行動。這跟先前提到的第三個症狀目的過度抽象化，是完全相反的方針。

東京迪士尼樂園在地震那天，除了發放布偶外，還犯了許多「禁忌」。如免費提供店裡販售的餅乾和巧克力等，包裝禮物用的塑膠袋、垃圾袋跟紙箱都被拿出來給客人保暖。若是平常，夢想國度是不可能出現紙箱的。

幹部們也採取了行動。為了讓客人移動到已經完成安全確認的東京迪士尼海洋園區，史無前例地把 28 年來只有工作人員才能使用的後台走道，開放給客人使用。

從這些插曲都能理解到，面對緊急狀況時，東京迪士尼樂園還能維持真正目的（理念），確保寬廣思考範疇並彈性應對。

在各種規範中，只要自己能站在原點上思考，平常所謂的禁忌也可以變成魔杖。

· 公司的真正目的是什麼？（回溯 Big-Why）
· 比照這點之後，我們應該做什麼？（下降至 What／

How）

這些簡單的問題是能提高思考觀點的強力契機。

第四節 ／ 行銷必備的回溯思考 ／

買電鑽的人只是想打洞嗎？

能讓你的思考觀點進入更高境界的Big-Why回溯思考，在行銷上也能發揮極大威力，是令人放心的工具。

在行銷界中有個知名的電鑽例子——當你把直徑 1.5 公釐的電鑽，放到一般消費者市場去賣的時候，人們會為了什麼買它呢？

有人會說：「你在說什麼鬼話？當然是因為想要電鑽才買的啊！」但是，消費者想要的，真的只是電鑽嗎？

「消費者想要的不是電鑽本身，而是想要洞。想打很多直徑 1.5 公釐的洞。」這的確是一般的標準回答。

確實，人們為了打洞才買電鑽。可是洞本身也可以視為明顯的表面需求。

回溯 Why，找出真正需求

請看右圖。從最下層顧客想要的「物品＝電鑽」開始，

往上方回溯為什麼想要（Why）。「顧客想用電鑽做什麼？」
「藉由電鑽得到何種利益或方便，然後想完成什麼？」

　　像這樣接二連三地提出具體的疑問，就能簡單找出更
明確的答案。

圖表 1-7　買電鑽的人真正想要的是？

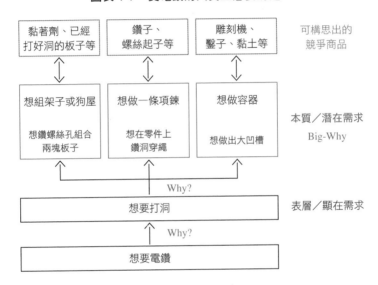

只要更進一步回溯為什麼想要打洞，就能看到「想重
疊兩塊板子做成架子或狗屋」「想在小零件上穿線或穿針
做首飾」「想把木片等東西弄凹一點當容器」「想藉由做
東西的過程跟家人、朋友互動」等顧客的真正需求（目的）。

重點是，顧客想用電鑽做什麼？

最近的電鑽不再只能打洞，只要裝上不同的鑽頭，還能研磨（去鏽）、雕刻等滿足各種需求。

只要善加回溯 Why，就能發現這些需求。接著，觀察潛在的競爭商品或不同業界的替代品之後，便能得到改良商品或開發新商品與服務等創造出新價值的提示。

為此，為了回溯 Why 提出的問題，準確度是關鍵。實際上，研磨（除鏽）需求就是與顧客之間的互動而商品化的案例。

電鑽賣場的附近有個拿著圓刷深思的人。店員看到之後問他：

「請問有什麼需要幫忙的嗎？您打算做什麼呢？」

「我想把很久沒用的輪框上的鏽去掉。如果能在電鑽裝上刷子的話，或許就可以輕鬆除鏽了。」

「原來如此。想要電鑽的客人並不只是因為想打洞，也想拿來轉（動）刷子啊。」察覺到這點的店員，便向電鑽公司提出開發商品的提議。

這個例子裡，店員問的「（想用這個）做什麼呢？」這句話非常重要。

從「物品」轉為「事情」就能創造新價值

相反的，如果思考停滯在「打洞的一種手段＝電鑽」，你的視野就不會有所改變。當你覺得還是有人買電鑽，所以能打洞的電鑽是消費者想要的商品，就會錯失如上述的商業機會。

即便如此，我們通常還是容易受困於直接觀察到的需求，專注於電鑽本身的改良及降低成本。

可是，當出現電鑽以外能打洞的技術，或是能組合板子的新工法，那些改良等努力就只是白費力氣。

有個相似的例子和電動開罐器有關。原本電動開罐器的問世，是從用開罐器開罐不但費力、還很危險的發想而來。「那就做成電動吧！」開發人員便一頭陷入眼前開發電動開罐器的目的，將開罐時的流暢度視為主要目的。

但對使用者來說，真正的需求是「安全地取出罐頭內的食物」。所以，當拉扣式封蓋出現後，所有罐頭都改為拉扣式了。

創造新價值的訣竅在於藉由回溯 Why，試著將顧客想要的「物品」轉換成「事情」來發想。

將整個觀點從提供、製作物品的階段，提升至「想藉由這件事完成什麼」「想怎麼做」的階段後，即能找出連顧客本身都沒察覺到的需求。

為此，要試著將主詞從自己，轉換成跟自己角度完全相反的顧客，並且想像解決顧客的問題後，對方 120% 開心的模樣。

已故的蘋果公司執行長史蒂芬・賈伯斯曾說：「電腦能夠做什麼並不重要，充滿創意的人們可以用電腦做什麼才是最重要的。」

技術人員容易把焦點放在物品（商品或規格）上，但是如果不擺脫這個習慣，不將重點放在使用物品的顧客行為上，就會看不見事情的本質。

我們不是在賣電鑽這個物品，而是協助顧客做到打洞後，把孩子的照片掛在牆上並感到幸福這件事。能像上述般跳躍且轉換思考，藉此逼近 Big-Why 並開闊視野才是最珍貴的。

來買最棒、最開心的經驗

讓我們再更具體地了解如何將物品轉為事情這件事。

美國的頂尖行銷顧問傑・亞伯拉罕，曾以這個例子說明顧客需要、想實踐的事。

「某位父親打算為 6 歲兒子買下人生第一輛腳踏車，為此來到你的店裡。你覺得這位父親期望的是什麼？只是一輛腳踏車（物品）嗎？

「不，並非如此。他期望的是教孩子如何騎車，跟孩子一起感受人生中最棒、最開心的經驗（事情）。就像自己6歲的時候，爸爸教自己騎腳踏車一樣。這個父親想要創造跟年幼兒子之間的回憶。他想看到兒子一邊開口大笑、一邊騎過街頭大叫著『爸爸你看！我會騎腳踏車了！』的那個瞬間。」

有時候，顧客自己也無法說明最終期望什麼，或是想藉由物品達成什麼目的。因為物品顯而易見，但事情沒有實體，就連顧客本身也難以察覺。

如這個例子，只要想像顧客透過體驗物品後，得到最棒的未來的模樣（場面、瞬間），就會看到真正的需求。

這種做法才是更有效的行銷手法，或開發新商品及服務的提示。只要繼續往下深究，應該能想到如下列的結果。

為了協助父親完成教兒子騎腳踏車的經驗，因此特地做一本教學手冊給想教小孩騎車的家長們；為了使家長們可以跟孩子一起騎腳踏車出遊，因此推出親子腳踏車組合；除了將腳踏車店當競爭對手外，也能將親子一同享受外出樂趣的戶外用品店視為競爭對手或協助對象。

也可以協助提供小孩運動或才藝的學習課程，參加地區或其他活動等，讓顧客體驗當好爸爸的感覺。從不同角度出發，顧客的選擇其實會越來越多。

將以上這些想法視為線索，我們可以發想出以下點子：

．製作讓父母可以教小孩騎車的手冊或網站。

．販售親子腳踏車組合。

．跟其他戶外用品合作套裝產品來販售。

．花心思做出能讓父母想像小孩成長及勇敢歷練的包裝或商品設計。

．為了安全，導入不讓速度變快的腳踏車零件。

．舉辦暑假露營等親子可以一同參加的活動。

．為了讓親子一同享受外出或運動的樂趣，跟腳踏車以外的商品或服務一起合辦活動。

　　像這樣，將需求視為顧客的經驗價值後，就有可能從至今未察覺的情況中找出各種點子。

用 Big-Why
擺脫事業瓶頸

即將下櫃的眼鏡超市逆轉復活記

回溯 Big-Why 後，從物品轉換成事情的做法，在遇到事業瓶頸時也能發揮極大力量。趕緊來看接下來的例子。

講到眼鏡超市，不免想到它是日本有 300 多家分店，眼鏡行產業的大型連鎖老品牌。

可是進入西元 2000 年後，受到新興眼鏡連鎖店推出低價策略的影響，長期以來業績始終低迷不起。

由於是大品牌，受市場縮小的打擊也特別大，銷售額從 2007 年起到 2015 年一路下滑，收益也從 2008 年開始持續轉虧。結果無力償付債務，甚至即將被迫下櫃，公司遇到事業瓶頸。

不過，該公司卻從 2016 年 4 月期開始，銷售額比前年同期增加了 10％，營收與當期收益睽違九年轉盈。預計未來營收也會繼續成長。

持續改革展店、流通、行銷以及增加資本的策略也奏效，成功擺脫無力償還債務的狀態。

像這樣逐漸擺脫長期業績低迷狀況的眼鏡超市，究竟為什麼能成功上演復活記呢？

重新定義公司的事業

成功的重要因素，可以說是透過回溯 Big-Why，重新定義公司的事業內容（轉換策略），以及堅持到底的實踐。

前言也提到，如果是你，會在下面空格填入什麼呢？換句話說，你會怎麼定義自己公司（部門）的事業內容？請花點時間思考看看。

> 「我們公司（我們事業部）賣的是『　　　』」

你是否在空格內理所當然地填入公司販售的商品（物品）呢？現在就以回溯 Big-Why 為思考模型，一起來探究眼鏡超市的事業內容吧。

該公司本來就不是單純販售名為眼鏡與隱形眼鏡的物品，也不像低價連鎖店等一般眼鏡行，只提供讓眼睛能看清楚東西的狀態。

那他們提供顧客的價值究竟是什麼呢？想找出這個答案，透過提出以下促進回歸原點的問題很有效。

‧維持毫無壓力地看清物品的狀態，會促成什麼結果？

‧持續這個狀態之後，還能做到什麼事？

‧我們真的想實現的究竟是什麼？

‧原本一路創造過來的價值是什麼？

　　順帶一提，轉換策略的結果，該公司近年來宣布的概念是「透過眼睛維持健康的狀態（從眼睛開始讓人們更有活力）」。

圖表 1-8　重新定義眼鏡超市的事業內容

Big-Why
真正目的
　　→　透過眼睛維持健康的狀態「這件事」（從眼睛開始讓人們更有活力）

Why
目的
　　→　毫無壓力地看清楚東西「這件事」

What / How
手段
　　→　名為眼鏡跟隱形眼鏡的「物品」

成功轉虧為盈的「護眼公司宣言」

　　該公司將自成立以來與 1000 多萬名顧客互動後培養出來的強項清點一番，洞察到現在是人類史上受電腦及智

慧型手機等影響最深、眼睛負擔最大的時代，再加上高齡化社會的來臨，藉此重新審視公司眞正的存在意義（Big-Why）。

眼鏡超市與那些主打流行感及優惠價格訴求，換句話說，就是與重視看得清楚又漂亮的業界市場劃清界線，開始提倡「護眼公司宣言」。

他們並非只是販售看得清楚又時尚的眼鏡，他們視「從眼睛開始讓人們更有活力」及「延長眼睛壽命」爲終極目的，推出護眼服務並強化策略，最後成功開花結果。

若只是提供眼鏡這項物品或提供能看得清楚又漂亮的服務，然後削價跟低價眼鏡行競爭的話，單純只是在消耗自己，並無法開拓市場。

可是，回溯到延長眼睛健康壽命（護眼）這個 Big-Why，不僅能和競爭對手做出差別，還能一口氣擴張市場範圍。

爲了實現這個目的，他們在2014年成立了護眼研究所，並導入業界第一個考慮到各年代特有生活習慣及眼睛調節能力、能依據年紀檢查眼睛的系統；2015年創立了能享受眼部按摩的新型品牌「DOCK」，並開設多家分店。此外，還舉辦養眼講座、開發延長眼睛健康壽命的營養補充品、協助護眼的眼鏡型裝置等採行與新興連鎖眼鏡行截然不同的策略。

這三種「度」 找到更好的 Big-Why

習慣自我確認思考

到目前為止，我們看到回溯 Big-Why 的真正目的後再思考的重要性。

在動手解決某個問題、開始思考某項事物時，或是遇到瓶頸等各種商業場合，都需要確認現在因思考而觀察到的，是否屬於 What 或 How 等級？是否只是表面目的？

只要習慣這個做法，就能培養出不在一開始即立刻投入眼前的課題，而是先認真思考真正該解決的問題為何（真正目的）的態度。

在第一章的最後一節，我們來認識能幫助我們思考出更好 Big-Why 的三個觀點（確認點）。

這些觀點在以顧客需求或問題為出發點，構思公司新事業版圖或商品，或是結構重整（重新定義）的情況下，特別能派上用場。

這三個觀點就是去意識以下三種「度」：

・態度。

・感謝度。

・創新度。

　這是為了思考出有趣又令人感到興奮的 Big-Why 時，非常有幫助的三個自我確認項目。

圖表 1-9　用三個「度」回溯 Big-Why

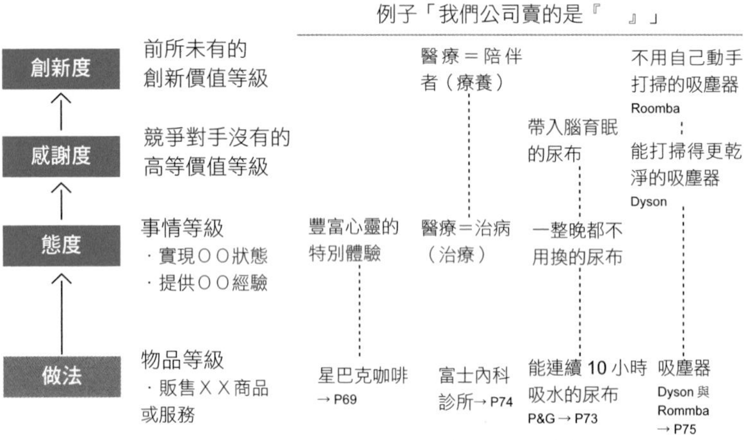

例子「我們公司賣的是『　　』」

創新度	前所未有的創新價值等級		醫療＝陪伴者（療養）		不用自己動手打掃的吸塵器 Roomba
↑				帶入腦育眠的尿布	⋮
感謝度	競爭對手沒有的高等價值等級				能打掃得更乾淨的吸塵器 Dyson
↑					
態度	事情等級 ・實現○○狀態 ・提供○○經驗	豐富心靈的特別體驗	醫療＝治病（治療）	一整晚都不用換的尿布	
↑					
做法	物品等級 ・販售ⅩⅩ商品或服務	星巴克咖啡→ P69	富士內科診所→ P74	能連續 10 小時吸水的尿布 P&G → P73	吸塵器 Dyson 與 Rommba → P75

確認項目①：擺脫做法，找到態度

　本章一再強調，我們要回溯態度（事情），而不是停留於做法（物品）上。

再重申一遍，回溯的訣竅在於轉換自己的視點，去思考對方（顧客）處於何種狀態、想達成什麼，而不是你想做什麼、想賣什麼。

在思考的輸出當中，以下是最關鍵的：

．主詞是不是顧客（對方）？
．是否處於想實現某個目的的狀態？

比方說序章介紹的手術包，就將思考更深入一層，從（醫生能）短時間內完成手術，到更進一步的（醫院能）增加一天進行的手術量、改善醫院收益，而非在名為針筒或手術用具的物品上，或僅在安全又好用的階段就停止思考。

星巴克賣的只是咖啡嗎？

以星巴克來說，「（公司）賣咖啡」屬於 What 等級，「（顧客）內心更充實、經歷特別的體驗」等從顧客利益視點來思考的結果是態度（Big-Why）等級。只要想像顧客未來藉由物品體驗到最棒的模樣（場面、瞬間），就能看到真正的需求所在。

上班族想喝濃茶的原因是什麼？

相反的，也有沒回溯到態度等級，徹底失敗的例子。

以前曾有過一波瓶裝「濃茶」熱潮。某間廠商推出濃茶上市後，其他廠商就搶著跟進推出同樣的商品，沒多久濃茶市場便充斥各家品牌。

不過，大部分廠商只專注在「濃茶」這個特徵上，完全沒有察覺到顧客真正的需求。換句話說，只在意「流行什麼」「什麼東西熱銷」（What），卻忽略了「為什麼流行」「為什麼熱銷」（Why），最後所有品牌的商品都逐漸同化而失去特色。

其實，濃茶的主要客群是不喝咖啡的商業人士。他們總會在便利商店買便當時「順便買」濃茶。這些顧客的主要需求，是不讓自己在午餐後的會議中睡著或是腦袋無法思考。

如果廠商們可以認真進行顧客調查回溯至 Why，同時專注在真正需求上的話，一定能構思出更多有關新商品開發或銷售方法的點子。

確認項目②：有感謝度的 Big-Why

接著，不是只回溯到態度＝狀態、事情等級就夠了。

如果能夠意識到「感謝度」這個重點，就更有可能定義出更有趣、且與其他公司更具差異的價值。

「感謝度」意指感謝的程度。代表顧客可以享受到其他公司無法提供、更高層次（更開心）的體驗價值程度。

· 是否鎖定在顧客（對方）或相關人士覺得重要並感到興奮的價值？
· 是否做出有別於競爭對手的價值？

以上兩點是重點。相反來說，不管我們（公司）如何以態度來定義價值，若對方（顧客）覺得很常見，或競爭對手容易模仿出同樣程度的平凡體驗，就絲毫沒有意義。必須要讓顧客感到 120% 開心。

婚禮公司辦的不只是婚禮

某間婚禮公司以往的事業內容為策畫更好的結婚典禮，但他們進一步提出了「為什麼」的疑問，最後重新定義出自己是協助夫妻維持如新婚般新鮮又青澀的結婚生活之企業。

結果，他們在結婚率及結婚人數日漸減少的情況下，以售後服務增加客人加購的機率，成功提高了每組婚禮的

平均單價。

此外，也跟美容業者與健康業者聯手，開始販賣美體沙龍的永久服務或健康食品的定期小額網購等，成功做出與競爭對手之間的區別。

重新定義旅行的意義

將日本全國經營不振的旅館或度假村重建的星野度假村，其社長星野佳路重新定義了觀光事業並創造出新價值。

觀光是什麼？人們為什麼要觀光？以此自問觀光本質之後，找到的答案是，觀光並非參觀任何有名的東西，而是體驗旅行目的地的異地文化，即異於日常的體驗。他認為，讓客人感受、體驗深植於當地的特色文化是最重要的。

實際上，不少位於鄉村的飯店或旅館，時常仿效都會區旅館流行的設備、料理及待客方法等，試圖使自己更像都會的旅館。但是，星野社長卻反其道而行，例如將「青森味」的本質和「自己在青森的體驗＝在地人用青森的津輕腔說話，結果完全聽不懂對方在說什麼」重疊，將青森的觀光（體驗異地文化）實體化。

他在飯店裡推動各種帶有青森風味的服務與活動，像是以津輕腔接待客人，或是能隨時體驗睡魔祭或津輕三味線等青森文化，藉此重建業績下滑的度假村設施。

因不滲漏尿布而受惠的父母

世界知名日常用品品牌 P&G，以非常有魅力的行銷定位來推銷嬰幼兒尿布。

他們以高分子不織布的高超技術為基礎，成功研發出最長 10 小時（最近進步到 12 小時）連續吸水的尿布。不過直接以這個特點為賣點，跨越不了做法（物品，手段）等級。如果是你，會想到哪種行銷定位（廣告口號）呢？

為什麼連續吸水 10 小時可以讓使用者覺得開心？以這個角度來思考是找出答案的祕訣。比方說，一整晚都不需要換的尿布，這個想法就很接近態度等級。接著，再深究一整晚都不用換尿布的話，使用者會覺得感謝嗎？沒錯，因為嬰兒能睡得很好。

為什麼睡得好是件好事？因為不夜哭或不淺眠的優質黃金睡眠，能幫助寶寶的大腦健康成長。嬰兒的大腦是在睡覺時成長、發展的，這又稱為「腦育眠」，而 P&G 完美地活用它，提倡公司商品是腦育眠的尿布，並同時舉辦腦育眠講座等，藉此向大眾行銷。

這種做法不但提及顧客無法忽視的重要價值，還跟競爭對手做出區隔，正是有感謝度的 Big-Why。

確認項目③：推動社會前進的創新度

不管是誰都會興奮期待的最高級 Big-Why，一定需要前所未有的創新定義，而這必須滿足以下兩點才算符合。

· 是否定義出以往未有（沒有既視感）的價值？
· 有沒有創造出足以改變顧客生活或社會常識的創新價值？

在這個概念中，Big-Why 超越了個人問題，且足以解決人類社會問題，或是有技術性的突破。

也就是說，追求更好的 Big-Why，能成為推動社會或商業革新的強勁力量。

將醫療從治療發展到養護

山梨縣富士內科診所的院長內藤泉，一直對以尖端醫療為優先的日本醫療環境感到不解。她對醫療被定義為「面對身體器官狀況，提供治癒疾病的服務（治療）」，感到有一定的極限。

經歷各種煩惱及嘗試後，當內藤醫師把醫療的價值定義為「面對人類（人生），提供伴其一生的養護服務」後，感到眼前一片光明。在某種意義上，她找出了前所未有的

新定義。

現在她是一名活躍的居家醫療醫師，每天認眞面對每一位患者。她藉由重新定義醫療並提倡此概念，深深影響了許多市民、醫療工作者與患者。

都是吸塵器，有什麼不一樣？

提到吸塵器，你會想到哪個品牌或商品呢？應該很多人會想到 Dyson 跟 Roomba 掃地機器人吧？可是，這兩種吸塵器在本質上完全不一樣。

Dyson 的確在吸力、靜音及使用的順手度等各種技術面非常優秀，它的價值在於徹底追求「（我們能）掃得更乾淨」這一點。

另一方面，Roomba 含有多種創新功能，例如能在未知空間裡自動感應出房間形狀及障礙物等資訊，製成地圖後，鎖定自己的所在地，讓自動吸塵化爲可能，其價值在於「（我們）不用親自打掃也沒問題」。

這兩種差別非常大。覺得打掃是種負擔的人，都被這種商品拯救，從此可以將以往的打掃時間用來做別的事情。這帶來的時間效果及心理效果之大難以估量。

以技術創新面來看，Dyson 跟 Roomba 的創新度都很高。但是 Roomba 改變了顧客生活令人印象深刻，創造出

前所未有的獨立價值，是更具新意的商品。

　　以上藉許多例子介紹了回溯 Big-Why 的確認要點。只要意識三個「度」，不被眼前表面上的課題或改善點所迷惑，並確實思考真正目的（價值）為何，就能創造出更有趣、更令人興奮的偉大價值。

你的回溯思考有幾分？ 答案與解說

（A是0分，B是20分）

Q1 第一次介紹自家公司商品給顧客時，你會？

　　A 以商品規格有多好、價格比其他公司還划算為重點。

　　B 以這個商品能如何改變工作及生活為重點。

　　答案 A 等同於突然讓自己陷入只能在商品功能與規格（What 和 How）或價格（How much）等，提案自由度低的狹小戰地上戰鬥。如果商品正好符合顧客需求的話，則諸事太平，但若不符合需求或是被嫌太貴，就只能宣告敗退。

　　另一方面，答案 B 掌握了顧客的真正需求（目的）。換句話說，不以性能（規格）等級去思考，而是以顧客期待的功用（想活用商品完成什麼？做到什麼？）的目的等級去思考，才能從該目的提出各種 What 和 How 的選項。也能應用自如——商品 A 如果行不通的話，商品 B 或許符合該目的。

Q2 仔細吩咐工作給部屬（後輩）後，發現他的臉色沉重，你會？

A 再一次仔細說明待辦事項。

B 說明為什麼要做這件事的目的及背景。

　　為什麼部屬（後輩）臉色會沉重呢？他雖然聽了你的吩咐，明白自己要做什麼，但內心卻無法接受。「為什麼要這樣做？」「現在是什麼狀況，所以才必須這麼做？」又或是懷疑指示本身的效果。

　　因此，不需要再一次仔細說明待辦事項，應有條理地說明為什麼要做這件事的目的及背景，以及為什麼這個行為有效。

　　向部屬（後輩）說明對策與行動（What），並一併說明目的（Why）的話，可以防止「手段目的化」的情況，也能提升部屬的動力。

Q3 上司拜託你整理資料時，你會？

　　A 腦中浮現想拜託他代為整理資料的部屬。

　　B 腦中浮現拿到資料後上司的上司的表情。

　　如果你有朝向目標邁進的意志，還能回溯思考的話，應該能考量到上司的上司，甚至更上層的上司，把上司等級的人都當成真正的顧客。只是照吩咐做出資料，然後腦中浮現想拜託他代為整理資料的部屬，代表你已經將工作

列為 What 和 How 等級，也就是退步到做完就好的程度。

　　只要思考到上司也是被更上層的主管，或是更上層的人交代才行動的組織結構（力學），應該能回溯思考至 Why 等級，例如「雖然上司這樣交代我，但是他上面的主管到底想知道什麼？希望看到哪種資料呢？」「直屬上司忽略掉的重點是什麼？（容易被更上層主管詰問的重點是什麼？）」養成以高自己兩階的角度來思考。

Q4 會議上向主辦者提問時，你常問的問題是？

　　A 大多是問「怎麼做」。

　　B 大多是問「事情原本應該是怎樣」的問題。

　　會問「怎麼做」，代表你比較關心要做什麼（What）或怎麼做（How）；以河流來比喻的話，就像是比較在意支流。另一方面，B 答案屬於回顧起點、出發點型的問題。能回溯思考的人不會突然從 What 或 How 等細節開始思考，多以配合會議從確認起源或前提開始思考，「為什麼會辦這場會議」「這場會議原本的目的跟想達到的成果是什麼（非會議議題等級的內容）」「原先是在哪種環境變化或契機下意識到問題所在呢」等。釐清出發點之後，再以當事者的角度為會議做出貢獻。

　　當然，從頭到尾討論「事情原本應該是怎樣」的問題，

無法讓會議有所進展，所以要看時機與場合提出疑問，比方說在會議一開始時。

Q5 修改部屬（後輩）寫的資料時，你會？

A 主要改語句順序跟用字。

B 主要改標題跟追加或刪減項目（論點）。

這是在測試大家是否具備回歸原點、釐清狀況的姿態，及追根究柢的思考力。主要改語句順序跟用字是屬於 What 等級。只要能進行真正屬於 Why 等級的回溯思考，就能像 B 答案一樣，在無基礎的狀況下考慮到「話說這個文章到底是為誰而寫？」「把那個人當訴求目標真的沒錯嗎？」「訴求目標究竟在意或擔心哪些事情呢？」「在這些考量下，這個標題真的適合嗎？」或是「目前面對的環境與脈絡中，需要釋放出何種訊息才對呢？」「綜合以上情況，現在需要的項目跟論點是哪些？」等。

順著部屬資料中的文章脈絡，把修改重點放在錯字、標點符號上，正是你不善於問出 Big-Why 的證明。不被部屬寫出的文章脈絡混淆，試著從更外界的脈絡來思考，並重新審視資料訊息的態度，至關重要。

第二章

構思點子

用 5W1H 開拓思考版圖

你發想的廣度有幾分？

　　請回答下表問題，並從 A 或 B 裡挑選出符合或較傾向自己的選項。當然答案會視情況有所不同，但請盡量以直覺輕鬆回答即可。

		A	B
Q1	上司要求你做出會議概要的骨架時，你會？	把想到的項目一一列出。	先以 5W1H 來當骨架的重要支柱。
Q2	明明是第一次，卻突然被要求馬上建構新市場發展計畫的結構時，你會？	因為是不熟悉的領域，所以一頭鑽進行銷相關書堆中。	重要的是計畫，所以先思考怎麼應用 5W1H。
Q3	對手公司的商品上市時，你會？	在意商品本身的細節與具體使用方式。	比起商品本身，更在意這個商品是給誰在什麼時候、什麼地方使用。
Q4	構思新商品與服務的點子時，你會？	思考比現有的商品更快、更便宜、更輕薄等加強性能的方式。	不跟現有商品競爭，堅持打造出完全不同的價值。
Q5	被要求在一分鐘內講出幾個水族館的新概念（服務內容的點子）時，你會？	最多講出五個點子。	能講出五個以上的點子。

　　回答得還順利嗎？答案跟說明於本章第 120 頁介紹。

如何不忽略或遺漏地去思考

你的行銷策略有用嗎？

本章將介紹在商業上防止思考有所遺漏或重複，並更進一步延展發想或思考時，能派上用場的手法。5W1H 的觀點是如同下述非常能派上用場的工具。

・製作企畫書、提案、報告書等資料時，用來確認項目或論點是否有缺漏的「俯視框架圖」。
・思考事業內容或商品點子時，可以有系統地拓展發想，且同時保有獨特觀點的「擴大發想視野的槓桿」。

接下來，將從第一個重點開始理解內容。事不宜遲，來看下面這個例子。

A 是某間家具廠商行銷部的一員，他被上司指派負責舉辦即將在幾個月後上市的新商品 X 的行銷策略會議。

因為他無法決定該以哪些項目當作會議概要，所以找了同部門的前輩 B 跟 C 商量。

B 前輩：「會議議題設爲『有關新商品 X 的行銷』就好啦。會議地點是行銷部的會議室，舉辦會議的費用就由主辦方的我們負擔吧。因爲是新商品，會議裡有一定要決定或是要再確認等各種事項。」

　　C 前輩：「決定要怎麼賣還是比較重要吧。也就是說，宣傳（廣告跟銷售）的方法，還有價格策略很重要。那就從上市前三個月開始，每週開一次會如何？」

　　聽了這些建議的 A，將策略會議的骨架設爲以下內容。

【關於新商品 X 的行銷策略會議】
主題：有關新商品 X 的市場策略
會議時間：商品上市前三個月起每週一次
會議地點：行銷部會議室
費用負擔：行銷部
會議內容：宣傳方法、價格策略

　　有關這個會議設定，你覺得 A 是否毫無遺漏地將必須項目都列進去了呢？還有哪些其他應該議論的內容呢？

代入 5W1H，遺漏一目瞭然

這裡的重點在於有沒有瞬間想到把 5W1H 作為發想結構。將自己想到的全部列成清單，或是突然專注於細節時，就會得出如 A 的筆記。

拿 A 的會議計畫跟透過 5W1H 思考做成的會議計畫，實際比較看看。

①關於會議實施概要

首先，用 5W1H 來整理新商品 X 的行銷策略會議概要。

圖表 2-1　新商品 X 的行銷策略會議概要

Why	目的、目標（成果）是？	？
What	主題是？	關於新商品 X 的行銷
When	舉辦時間及頻率？	商品上市前三個月起每週一次
Where	舉辦場所？	行銷部會議室
Who（m）	與會成員？	？
How	進行方法、準備與作業分擔？	？
How much	預算（費用負擔）	行銷部

A 的檢討內容中少了圖表裡的「？」部分。

先是遺漏最重要的「為什麼開這個會」的目標（Why），突然就從議題‧主題（What）開始。「關於新商品 X 的行銷」的主題，本身應該不算是 Why 吧。

這場會議的 Why，也就是目的和目標（成果），到底是什麼呢？我們可以想到：

‧新商品 X 能順利（如預期般）成功上市。
‧完成有效攻占市場的計畫，確定個人職責與時程，以實行該計畫。

無論如何，最大的前提是在上司命令你主辦會議的階段，就主動確認 Why 是什麼。「為什麼？」「想要決定什麼？」如果連這些要點都不明確，就跟沒有開會一樣。

依情況不同，也可以事先詢問相關人士，或是在第一次開會時就先以確定 Why 來當主軸。

接著，要將與會人員（Who）或當天會議的進行方式及事前做好會議調查與準備（How）等，再次放進會議企畫中。

例如，每次的會議議程都由行銷部決定，以聽取與會者的意見等方式進行。會議重點在第一個月是決定基本方針，第二個月決定詳細計畫，第三個月決定責任分配等，決定做法後，整體策略會議才能順利進行。

套入 5W1H 之後，思考的遺漏都會變得一目瞭然。可惜我們比想像中更常在日常工作中，以「突然想到」這種沒效率的方法來處理事情。

②關於需要討論的內容

接下來，有關討論內容方面，原本就必須在釐清某些事項後才能決定。也就是①提到會議的 Why，「為什麼？」「以什麼為目標才要開這場會？」像第一章強調的，Why 是所有事物的原點。

比方說，提到會議的目的、瞄準成果（Why），若是非常簡單、基本的「完成新商品 X 攻占市場的計畫」，就需要討論以下要點。

圖表 2-2　新商品 X 攻占市場的計畫內容

Why	目的、目標（成果）是？	行銷目標	？	
When	期限跟期間？	計畫期間	？	
Who（whom）	瞄準哪個市場及客群？	目標客群	？	
What	哪種商品？提供哪種價值？	Product		
Where	哪種媒介？	Place	？	4P
How	哪種宣傳？	Promotion ──→ 更具體的 5W1H 宣傳方法		
How much	價格多少？	Price		

在 A 的對話中雖然提到了宣傳方法及價格，但是卻絲毫沒提到表中的「？」。

·Why：以什麼企圖來上市新商品 X ？（例如當作進入○○市場的墊腳石、在○○市場中打響品牌知名度）銷售

量及市占率預計達到多少？

· When：到什麼時候？以哪段期間為對象？（例如商品上市一年內等）

· Who（whom）：特別瞄準市場上的誰（法人·個人）？

· Where：以哪種途徑來接觸客群？（例如以展覽接觸家庭客人、以電商接觸青年層、以直銷接觸知名連鎖咖啡店等）

　　以上這幾點才是需要討論的重要議題。只要用 5W1H 的觀點來審視，在發想的最初階段就不會有任何遺漏，能確實找出必要議題。

　　如先前圖中表示，行銷常用的框架「4P」Product、Price、Place、Promotion 的要點，都能以 5W1H 的 What、How much、Where 跟 How 替代。

　　也就是說，只要時時意識著 5W1H，就能網羅所有必要項目。這麼好用的工具，沒有道理不活用它。

完整活用 5W1H 的兩個重點

　　訂製計畫、製作活動或新產品的企畫書、給顧客的提案報告、製作行銷企畫書、準備發表、報告調查結果等各種情況都能當作俯視結構圖運用的，就是 5W1H。

　　如序章提到，視野廣闊又能直搗核心、有思考品味的

人幾乎都會使用 5W1H，並且隨時準備好能開啓話題的適當問題（議題・項目）。

不是一味地提出臨時想到的議題，而是隨心所欲地使用 5W1H 提問，使議題能更延展、更聚焦、更深刻。

要怎麼做才能熟練地使用 5W1H 這個思考工具呢？

關鍵在於能否將所有眼前遇到的事物盡早且正確地代入 5W1H 的架構中。爲此，我們需要以下兩個重點。

①如何套用在有彈性的問題

第一個重點就是如何將 5W1H「何時？在哪裡？誰？」這種方方正正的問題，套用在更進一步的各種問題當中。

例如，When 原先只是在問「何時」，但如果以這個爲底，將其變化成「從何時」「到何時」，甚至是「以何種過程」等，就能運用在時間、期間、頻率、速度、過程、脈絡、順序等各種事上。

根據狀況提出越多各種有彈性的問題，越能加深對各項事物的思考程度。

圖表 2-3　我們能多有彈性地應用 5W1H？

	基本的問題	應用
When	什麼時候？從何時開始到何時結束？持續多久？哪種流程？	時間、時期、期間、交期、行程表（日程）、頻率、速度、（歷史）脈絡、過程、順序等。
Where	在哪裡？	場所、位置、職場、場合、市場、販售媒介（途徑）等。
Who	誰？對誰？跟誰？	中心人物（負責人）、組織、團體、職位、人數、對方、目標顧客（市場）、協辦（夥伴）等。
Why	為何？為了什麼？	目的、目標、應有姿態、瞄準目的、價值、事情、意義、背景、理由、原因、看不到的東西（本質、心）等。
What	做什麼？	內容、主題（議題）、應做事項、對象、物品、看得到的東西（現象、形狀）等。
How	怎麼處理？	實行手段、方法、階段、技巧、媒體、事例、狀態等。
How much	需要多少？多少錢？哪種程度？（含 How many 等）	程度、次數、數量、價格、預算、實績、費用等。

②如何有效地排列組合

接著，第二個重點在於不僅要依需求將 5W1H 套用在有彈性的問題中，還要將這些問題自在的排列組合，讓發想更廣闊。

比方說在商業場合中，像以下情況套用 5W1H，就能毫無遺漏地提出各種發想。

若是有關某個企畫，把目的跟背景（Why）、主題（What）、成員和助手（Who）、行程表（When）、實施地點（Where）、程序及進行方法（How）、預算（How much）等問題排列組合起來就好。

另外，若是市場策略（行銷）計畫，就是行銷目標（Why）、實施期間（When）、目標客群（Who）、商品服務（What = Product）、銷售媒介（Where = Place）、廣告宣傳手段及媒體（How）、價格（How much = Price）。

或是有關某個企業方針的話，像是任務前景（Why：以什麼為目標）、網域／事業領域（Where：在哪個領域戰鬥）、發展步驟（When：以哪種時間步驟來發展）、市場競爭對手（Who：瞄準誰，跟誰競爭）、戰略（What：以什麼為武器／有無競爭優勢）、戰術（How：具體來說該如何應戰），一邊考慮順序，一邊適當地排列組合。

如上述，根據做法運用於各種商業場合的特點，就是5W1H的優點。套用及組合 When、Where、Who、Why、What、How 等要素，就能大大地改變發想的精度及次元。

從下節開始會介紹多個事例作為參考，請務必嘗試訓練自己用 5W1H 來發想。

開拓發想槓桿的 5W1H

從更多、更好到創新

接下來，將重點介紹商業領域中拓展發想及思考領域的方法，以及要經常構思獨特事業及商品點子時能派上用場的思考法。

一般來說，我們常不小心就開始想具體細節，比方說「來改善商品規格吧」「追加某個新服務如何」等，就屬於這種。但是，若太過執著細項，思考方向會越見微觀。

圖表 2-4　確保視野更寬廣的工具 5W1H

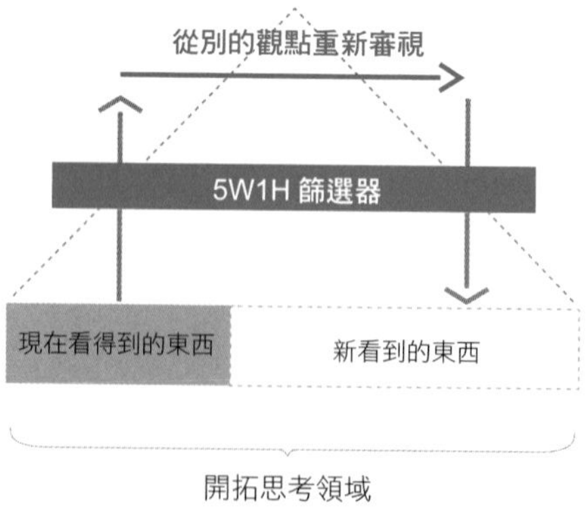

從別的觀點重新審視

5W1H 篩選器

現在看得到的東西　　新看到的東西

開拓思考領域

　　想開拓發想的視野，必須暫時撤除以往的想法，將現在的商品或服務，從別的角度去修正。這時最有效的架構就是 5W1H。

　　在提出何時、哪裡、誰、爲何等各種問題時，就有可能浮現新的看法，同時在延伸思考中出現與「（品質）更好」「（機能）更多」不同次元的發想。

　　也就是，只要把 5W1H 當作發想的槓桿，就能構思出至今從未出現新價值的商品或服務。

攜帶型音波電動牙刷的大賣契機

　　2010 年發售的 Panasonic 攜帶型音波電動牙刷，讓至今一直停擺的電動牙刷普及率突然一口氣提高。

　　Panasonic 的某位女員工在午餐結束後，站在公司廁所洗手臺前感到疑惑：「我們公司明明在賣電動牙刷，爲什麼每個員工都還是用傳統牙刷呢？」這個疑問就是開發出熱銷商品的契機。

　　攜帶型音波電動牙刷是特別爲了辦公室等外出地點使用，賣點在於可以收在化妝包的超輕巧尺寸。爲了做到這點，他們在縮小馬達及維持迴轉數不變上徹底鑽研，終於成功將其商品化。

　　其他競爭對手還專注在如何使刷力更強、更快、牙刷

更輕、更便宜等過去思維的延伸、在商品本身（What）的差異化上激烈競爭的同時，Panasonic 可說是已經從更高階的觀點俯瞰整個狀況，從徹底改變問題的類型中找出商機。

暫時移開針對性能及品質等對商品本身的焦點（What軸），像下圖提出電動牙刷是在哪裡（Where）、何時（When）使用的東西等，最樸實卻非常針對本質的問題，就能找出和現有價值「家用」完全相反的「外出用」新價值。

圖表 2-5　以 5W1H 拓展發想視野

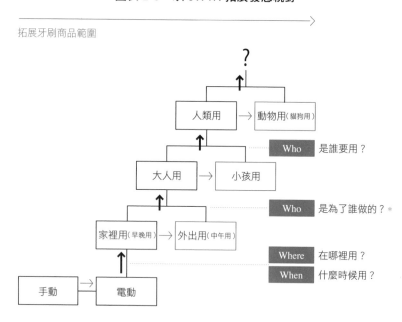

拓展牙刷商品範圍

大人用、兒童用、狗用 —— 大賣的礦脈

此外，有公司如左頁圖＊提出「至今電動牙刷是以誰爲主要客群（Who）開發的？」等基本卻又相當重要的問題，結果在以往幾乎沒有區分大人、小孩的電動牙刷市場，找出兒童用的新領域。

比方說，日本飛利浦近年來發售兒童專用的「Sonicare Kids」，就是專爲 4 ～ 11 歲兒童設計的商品，可以讓刷牙時間逐漸增加、以音樂通知刷牙時間等，搭載許多令小孩開心又不生膩地培養刷牙習慣的功能。

另外，SUNSTAR 公司的幼兒用電動牙刷「Do Clear LED Soft 牙刷」，最大特點是在牙刷前端裝上 LED 燈，方便父母一邊檢查口中情況，一邊幫孩子刷牙。

這些商品都是跳脫了「大人用的縮小版就是兒童用」等延伸以往既有概念的做法。現在許多電動牙刷廠商都在追隨他們的腳步。

讓我們將視野更上一層，藉由「電動牙刷是誰（Who）用的東西→電動商品一定是給人用的嗎」發現「動物用」的點子。

像是挪威的 Petosan 公司在以人用牙刷爲主的電動牙刷市場中，即時發覺貓狗牙結石的問題，並開發出劃時代的商品上市。這個商品特徵是沒有狗討厭的噪音，振動也少，

以及可以一次刷到牙齒兩面的雙頭設計，結果成功熱銷。

發問使發想無限大

當然，也可以從這裡再更加拓展商品範圍。

例如鍥而不捨地追問「所以這個到底是給誰用的（Who）？」答案應該會從人用、動物用到生物用。跟這個答案完全極端的概念又是什麼呢？

可以想到「非生物用的牙刷（機器齒輪用等）」或是「生物（人類）牙齒之外的刷子（美顏或身體用等）」，這樣一來，就能慢慢拓展發想範圍。

像這樣，從 5W1H 的疑問開始更進一步深究，如何想出更多樣化的問題，便成為拓展發想的關鍵。以上例子雖然是把 When 化為「什麼時候用」來提問，但除此之外還能活用於「什麼時候開始」「什麼時候結束」「順序如何」等，其他像時間、頻率、速度、流程等各式各樣的因子中。

如果有需要，也可以瞄準一種因素，將其當作新發想的槓桿，就像接下來要介紹的，把許多要素排列組合，即可創造出新價值。

我們能夠藉由提出 5W1H 簡單又能直搗核心本質的問題，逐漸擴大自己的思考版圖。

以 5W1H 剖析商場上的成功案例

第三節

把什麼變成什麼（○○→○○）

雖然在序章曾提到能面對面的國民偶像 AKB48 的原點，不過接下來我們再多看幾個案例，了解從 5W1H 的視點可發現哪些釐清本質的看法。這些案例都能作爲提示，使我們以更寬廣的視野發掘出更強大的靈感。

每個案例都是重新審視既有的事業內容（產品、服務）後，創造出新價值的案例。

在看案例的同時，希望大家能做點練習。請從以下介紹的四個案例中，找出它們各自是從既有事物中改變（轉換）了什麼？

請試著以「把什麼變成什麼」＝「○○→○○」來表達，不要只說「變得可以○○了」，請找出它們是如何改變過去的核心價值。討論的因素不只一個。

給大家一個提示。以 5W1H 審視各種因素時，盡量將重點放在完全極端的轉換點上。

案例①：把乘客變成一般人的車站

EKINAKA（車站內）是日本電車站等站內附設的商業設施。像是 JR 東日本的 ecute 等，現在大家在轉乘站內看到一堆商店都不覺得稀奇。不但有小吃店或雜貨店，連時髦的法國餐廳、日本料理名店、高級名牌門市、按摩美體店等各式各樣的商店與服務應有盡有。

EKINAKA 改變了過去車站既有的什麼呢？

如果僅指出「可以購物和飲食的店變多了」，代表你只看出表面上的變化（以前車站裡就有小吃店或雜貨店）。到底哪個部分的本質改變了呢？

第一個是鐵路公司大大改變了車站使用時間（When）的概念。EKINAKA 將車站從路過據點（短時間即離開）變成滯留據點（長時間滯留），整個概念有著劇烈的改變。

第二是改變了車站的使用者（Who）。在車站聚集的人，從搭電車移動的人變成不限於搭車的各種人，把空間定義爲能夠享受的空間。這些對稱的變化，引導整個事業內容劇烈轉換。

	以往車站內	EKINAKA
When	短時間 ────────➤	長時間

	以往車站內	EKINAKA
Who	想搭電車的人 ───➤	不限於要移動的各種人

　　而大大改變車站滯留時間（When）和車站使用者（Who），也代表著改變了車站這個場所（Where）本身的概念。

　　過去車站內的主要設施（小吃店等），是為了讓搭車移動的人妥善利用等車或換車時間的場所。現在的站內光景對我們來說雖然理所當然，但若持續以搭車的人在短時間內可以利用並妥善消磨時間的地方為前提，來定義車站或站內空間的話，站內就不會出現像現在這麼多的設施或服務了。

　　正因為將基本概念改為「各種人（不限搭車移動者）能（在車站內）長時間滯留的場所」，車站才會變得像現在一樣，是日常生活中也能利用、非常具魅力的場所。

　　依此類推，像運動設施、醫療或照護設施、娛樂設施、溝通（交流）空間、提升能力空間等，能想像出更多發展事業的點子。

案例②：把作者變成一般人的百科全書

維基百科（Wikipedia）是個能在網路上自由閱讀、世界最大的百科全書。2001 年，網路相關搜尋引擎公司創辦人吉米‧威爾斯，以個人企畫開創了這個平台，現在由維基百科財團營運，可用超過 290 種語言閱覽（2016 年 2 月時）。

維基百科是怎麼改變了一直以來的百科全書呢？

我們觀察到有可以在網路上簡單（免費）搜尋、登載著成千上萬不同種類的用語、頻繁修訂等變化，不過這些改變的基礎，屬於 5W1H 等級、更接近本質的劇烈變化，到底是什麼呢？

最大的變化就是「誰來編寫（Who）」。過去的百科全書都是由極專業且具權威的知名作者（專家）來編寫，但維基百科完全相反，是由不特定多數，說明白點，就是由非專業人士（業餘）自由記述、編寫。這點可說是本質上的變化。

	以往的百科全書	維基百科
Who	極專業，且具權威的 知名作者（專家） ─────>	不特定多數的 非專業人士（業餘）

只要透過名為 Wiki 的網上文書編輯系統，無論是誰都

能匿名編寫百科內容。這對於追求正確及中立的百科全書業界來說是個大禁忌，更是完全無法想像。但是在解開這層束縛之後，重大突破也跟著出現。

在許多人無償寫著自己拿手的事，然後他人可自由補充修正的結構下，維基百科的內容日漸充實。內容最多的英文版，已有約 530 萬筆文章（2017 年 1 月時），比起以往的百科全書都多上許多（比方說《大英百科全書》共記載著 12 萬筆文章）。

雖然跟過去的百科全書相比，維基百科有不正確的資訊或帶有惡意的內容等負面情況，但利用眾人智慧的參與型百科全書，為我們帶來非常大的利益是無庸置疑的。以 5W1H 來看，正是因為轉換了編寫者的 Who，才帶來百科全書的革命。

案例③：把時尚專家變成一般人的時裝秀

東京女孩展演（TOKYO GIRLS COLLECTION）是從 2005 年開始，一年舉行兩次，以年輕女性為目標客群的時裝秀。不但邀請許多藝人或名人（最近像東京都知事小池百合子等）出場表演，電視等各大媒體也經常介紹，現在已成為人人熟知的活動。

不過，這場時裝秀跟過去相比，究竟哪裡不一樣呢？

可能你已經有大規模（數萬人）時裝秀、當場就能買下伸展臺上的衣服、還有現場表演、香里奈、Rola、桐谷美玲等時尚模特兒、藝人跟女演員都會參加等各種答案，不過思考 5W1H 的要因後，應該能明確看出與過去的時裝秀不同點為何。

在這裡產生的本質差異，就是時裝秀相關人士之間的關係。「誰為了什麼提供給誰」的 Who 跟 Whom。

巴黎時裝秀等以往的時裝秀，都是一流服飾品牌的設計師，為了（免費）發表作品，對特定少數的時尚專家（採購或媒體）所進行。但是東京女孩展演卻是休閒品牌的創意人，為了（有償）賣衣服的目的，對非特定多數的非專業人士（16 歲至 29 歲女性）進行的活動。

	以往的時裝秀	東京女孩展演
Who	一流服飾品牌的設計師 ─────▶	休閒品牌的創意人
Whom	特定少數的時尚專家（採購或媒體） ─────▶	非特定多數的非專業人士（16 歲至 29 歲女性）

更進一步分析，東京女孩展演的目的（Why）不是介紹衣服而是賣衣服；場所（Where）從小規模會場變成大規模的體育場或小巨蛋；時裝秀的進行方式（How），也不以在沉靜的背景音樂中看模特兒慢慢走秀為主，而是由受

年輕女性歡迎的藝人或模特兒，拿著麥克風表演或唱歌等以演唱會的形式進行。還會轉播現場盛況，讓民眾透過手機網站也能直接購買衣服。

像這樣想得極端，同時以 5W1H 任一種角度來整理，就能清楚看出本質上的差異。

案例④：把閱讀變成生活風格的書店

以蔦屋書店為中心的生活提案型商業設施 T-SITE，可說是大大顛覆了以往的書店概念。

位於東京都澀谷區代官山町的 T-SITE，在約 4000 坪的綠地中，開設了書店、咖啡廳與餐廳、相機店、電動腳踏車店等專賣店，還有寵物服務店、玩具店等，再將這些設施及空間以機能性步道連結，形成一個小聚落。

作為主要設施的蔦屋書店像下頁表所示，將書店這個場所（Where）的概念，設定在與以往書店正好相反的位置上。

從書店的店面空間特徵（價值）來看，至今一般書店只是買書的場所。另一方面，T-SITE 卻是能享受閱讀樂趣（不買也沒關係）的場所。

此外，從閱讀的場所特徵來看，以往會讓人覺得不買就不要白看，對消費者來說是被迫站著以心虛的心情在翻

書。而 T-SITE 則標榜歡迎盡量試讀（包含雜誌），還可以邊喝咖啡、邊光明正大地慢慢看，跟以往完全相反。甚至，讀書顧問會依照個人的生活型態與價值觀來推薦適合你的書。

再從書的陳列場所（排列）特徵等微觀的 Where 來看，以往書籍是用分類來排列，T-SITE 則以生活型態來區分。因此會出現同一本書因符合多種生活型態而出現在不同地方的情況，幫助消費者找到適合自己的生活型態，而不只是提供書本。

	以往的書店	T-SITE 代官山
Where （位置）	熱鬧繁華的地區 ⟶	離車站有點距離的 4000 坪綠地
Where （店面空間）	快點買書 ⟶	慢慢享受閱讀
Where （讀書場合）	帶罪惡感地站著看 ⟶	坐著光明正大地看
Where （排列）	一本書只會出現在 一個地方 ⟶	一本書出現在不同地方

將場所（Where）的概念用各種觀點來看，並套入完全相反的方向，就能出現與過去不同的新價值。

點子做不做得到，之後再考慮。總之，先以 5W1H 構思本質上的不同，這個基本態度非常重要。

T-SITE 代官山不但使事業成功發展，同時也帶動了整個城市的活力，使代官山車站的使用人數大幅增加。另外，T-SITE 這種業務型態也逐漸拓展到各地。

正如以上介紹的各種案例，不要只想到眼前看到的論點，並只將其排列出來。套用 5W1H 這個簡單的觀點，並留意相對極端的概念來整理後，你就能感受到何謂本質上的差異。

只要用這種態度去構思新事業（商品），就能在架構中想出與他人有極大差異的點子。

What 之外的 4W 是
創造有趣點子的關鍵

創造不倚賴物品性能的價值

前一節分析了實際使用 5W1H 的成功事例，相信大致上已經掌握構思點子的訣竅了吧。本節將更進一步深入說明，能創造出更大膽、且有趣構思的提示。

為此，先整理各種案例的幾個重點。

· Panasonic 並沒有重新開發電動牙刷。
· EKINAKA 並沒有重新建造車站或改建車站內部。
· 維基百科並沒有重新發明百科全書（提供可搜尋各種事物意義的價值）。
· 東京女孩展演並未重新發明時尚秀這種活動。
· T-SITE（蔦屋書店）並沒有改變網羅各種書的行為。

也就是說，這些成功案例都不是重新發明或新發現物品：商品或服務（What），也不是改變或提升 What 本身的性能或品質。

比方說，Panasonic 並不是用電動牙刷（What）本身的性能來一決勝負，反倒是爲了縮小牙刷尺寸刻意降低性能。EKINAKA 是先轉變 When，維基百科跟東京女孩展演是先轉變 Who（whom），T-SITE 則是先轉變 Where 的概念才改變商品與服務（What）。

催生突破創造新價值的 5W 方向盤

我們在創造或改良某個新商品與服務時，最常犯的錯就是靈感停留在範圍狹小的點子上。以修改百科全書來說，會立刻將重點放在改變百科全書的內容。這樣一來，改變最多也只是增加刊載詞量、篩選分類、堅持用某個字體或顏色等。

以時裝秀舉例的話，可能只會注意到參展的名牌服飾種類、走秀表演或舞台表演等些微的內容差距。改變後也只是做出與以往形式或競爭商品相似的結果罷了。

在提供新價值時，從零開始製作物品：商品或服務（What），是非常困難的作業。但即便如此，我們也不能突然急著改變（改良）既有的 What，這樣是無法做出重大突破的。

因此，在構思點子時，請大家務必參考下頁圖「創造新價值的 5W 方向盤」。

訣竅在於不要突然按下中間的 What 按鈕。不要突然陷入更細節的實施手段：價格或宣傳方法（How），也是鐵則。

在討論 What 及 How 之前，先試著操作周邊的 4W 操縱桿。當你的注意力放在 What 之外的其他要素，構思範圍會一口氣加寬不少。

以 4W 為主軸，思考過往情況，盡可能地試著往完全相反的方向思考。然後再回過頭來回顧 What。只要重複這種思考流程，就能突破領袖企業的思維，創造出逆轉立場的事業內容或商品革命。

圖表 2-6　創造新價值的「5W 方向盤」

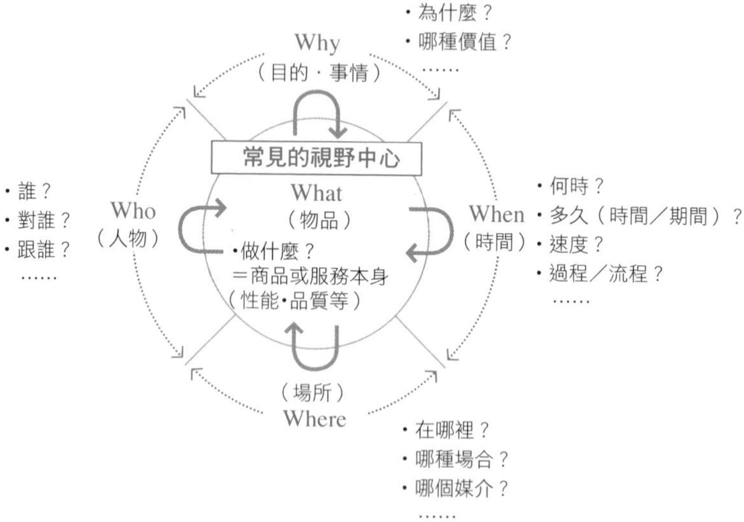

Why（目的・事情）
・為什麼？
・哪種價值？
……

常見的視野中心
What（物品）
・做什麼？
＝商品或服務本身
（性能・品質等）

Who（人物）
・誰？
・對誰？
・跟誰？
……

When（時間）
・何時？
・多久（時間／期間）？
・速度？
・過程／流程？
……

Where（場所）
・在哪裡？
・哪種場合？
・哪個媒介？
……

無酒精啤酒的快速進攻

這裡介紹一個以 What 之外的 4W 成功的案例。

近年來啤酒風味的飲料（無酒精飲料）造成風潮，相信選擇喝無酒精飲料的人比以前更多。最近這類飲料不只強調無糖、無熱量、無普林等，還推出能抑制脂肪與糖類吸收等，化為高機能商品的戰爭。

一開始正式開闢這片啤酒風味飲料市場的先驅，是 2009 年開賣的「麒麟 FREE」。酒精含量 0.00％及不變的美味，瞄準想（喜歡）喝酒又不能喝的情況（例如開車等），一下子打開了市場。

但是，隔年（2010 年）三得利發售的「ALL FREE」，不但搶占了麒麟 FREE 的市占率，同時讓啤酒風味的飲料市場更加擴大，連續四年拿下市占率第一。

將這兩種商品以 5W1H 來比較，就能知道其中理由。請看下表。

圖表 2-7　比較兩種新啤酒風味飲料之後

	麒麟 FREE	ALL FREE
Who 誰	（喜歡）喝啤酒的人 ⟷	不喝啤酒的人 （但是可接受啤酒口味的主婦等）
Where 在哪裡	喝酒的地方 高爾夫球場或居酒屋等 ⟷	至今無法（不）喝啤酒的場所 （健身房、午餐聚會等）
When 何時	晚上、工作回家時、 夏天 ⟷	中午、做家事時、春冬季
Why 為什麼	乾杯！想熱鬧一下！ 對身體不好 ⟷	想無所事事放鬆一下！ 對身體好、無糖、無熱量

ALL FREE 當然針對商品（What）本身也下足功夫，加上無糖、無熱量等要素，標榜更健康的特色。不過比起這點，轉換 4W 的角度才是主要勝因。

　　追隨（模仿）開闢市場的麒麟 FREE，應該也能搶下一些市場，不過三得利刻意擺脫一直以來啤酒（啤酒風味飲料）的束縛，下定決心往反方向走。

　　相對於麒麟 FREE 是針對（喜歡）喝啤酒的人，在能喝酒的時間點、能喝啤酒的地方等，定位僅是「代替啤酒的飲料」；ALL FREE 則逆勢操作，主攻不喝啤酒的人（但是可接受啤酒口味的主婦等女性），讓他們在不喝啤酒的場所或時間點，為了想放鬆一下喝的「全新飲料」（並非代替啤酒的飲料），並令市場更擴張。

　　當然，在商品的成分或味道（What）上做出差異，或是於價格（How much）上動腦筋也可行，但在這之前，用 4W 大大擴展思考範圍才是通往成功的關鍵。

　　我們的視野中心，無論如何都容易落在正中央的 What。可是如果太過注重於追求物品本身的功能或品質，便無法走出 more ／ better 的領域。

　　說實話，若光靠物品（What）來一決勝負的話，只要有錢誰都能做得到。但是為了達到目的，得花費高額費用及投入人力來開發商品才行。

　　注意 What 以外的軸線，絞盡腦汁創造新概念，就能不

被制約，誕生出各式各樣的生意機會。

圖表 2-8　三得利 ALL FREE 的 5W 方向盤

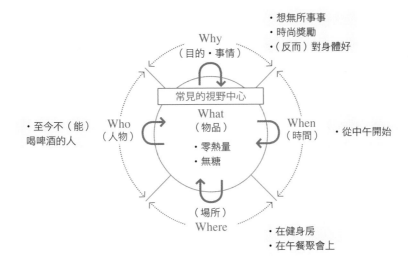

／有系統地想出大量的點子／

用 5W1H 想出大量的點子

至今介紹了許多構思出好點子的提示，最後作為本章總結，我想讓各位也實際挑戰想出新點子。

本節重點在於養成想點子的時候，有意識地活用以 5W1H 為主軸的發問方式。最後，去蕪存菁選出一、兩個好點子是最理想的狀況。不過在達到這階段之前，先請大家習慣有系統地想出大量點子的方法。請放輕鬆往下閱讀，感覺在玩遊戲就好。

最近，參觀水族館默默造成了小小的流行。日本像是江之島水族館或八景島海島樂園的水族館，以及有水母萬花筒隧道的隅田水族館等，都陸續推出各種有趣的企畫展，比如現在流行結合光雕投影的聲光影像展等。

我們也以不輸人的氣勢，一起來想想水族館的新企畫（事業）吧。請留意 5W1H，盡可能提出更多有趣的點子。

先不思考能不能實現或投資金額多寡等問題，不要想太多、太深，抱持玩心，以五分鐘想出十五個點子為目標。

用「把什麼變成什麼」來構思

具體方法就像第三節介紹的案例，先用 5W1H 分析水族館，「把什麼變成什麼（○○→○○）？」然後用結果來思考企畫主題（變成哪種水族館、「XX 水族館」「XX Aquarium」等）。

參考前一節創造新價值的 5W 方向盤，思考 What 與 How 之外的 4W，可以更容易地構思出嶄新的點子。

具體而言，套用以下幾個問題就能擴展你的發想。

‧When「什麼時候去？」「營業時間有多久？」
‧Where「位於哪裡？」「空間多大？」
‧Who「主要是誰去參觀？」「誰在經營？」
‧Why「為什麼去？」「感受到何種價值？」
‧How「以何種形式觀賞？」
‧What「展示或提供什麼？」「有哪種活動呢？」

試問自己這些 5W1H 的問題，努力想出點子吧。這時候，記得盡可能地試著往完全極端（相反）的方向去發想。像是把花一天參觀轉換成花十分鐘，而不是花半天，盡可能往極端的方向去思考點子。這樣就能看到在這兩者之間的其他點子，以結果來說，這方法能幫助你想出許多創意。

另外，不只是在字面上思考，盡量在腦中實際重現各種場景，接著如同「至今（一般）都是〇〇，新點子則是〇〇」，以明確的字句表現出兩者的差異。請試著寫在筆記本上。

只要用這個方法，不管時間多短，都能想出新點子。

看完下表內容之後，是不是覺得還有很多點子呢？這些點子應該有幾項是目前已經被實踐的想法。當然，不用5W1H 也能找到靈感。固定一個主軸並提問，就能實際感受到簡單又有系統地找出與以往明確不同又有趣的點子。

在還沒完全習慣前，可能會出現五分鐘只想到五個點子的狀況。只要多多練習，靈感就會越來越多。

圖表 2-9　思考水族館新企畫（事業點子）

	至今為？一般是？	相對概念	新點子？	企畫主題
When	只在白天開館	⟨————⟩	整個晚上開館	夜晚水族館
	以假日為主	⟨————⟩	以平日為主	讀書或工作也能使用的水族館
	早上 9 點開館	⟨————⟩	早上 9 點閉館	補充晨間能量的水族館
	花好幾個小時參觀	⟨————⟩	花幾十分鐘參觀	消磨短時間的小水族館

	左		右	結果
Where	陸地上（開在人住的地方）	←───→	海上或海中（開在魚住的地方）	海水族館
	都會／城市中	←───→	鄉下／山上或深山	深山溫泉型療癒系水族館
	客人自行前往（固定）	←───→	水族館過去（移動）	移動式水族館
	經過的場所（順路）	←───→	可停留的場所	水族館飯店
Who	青壯年為主	←───→	銀髮族為主	魚群療法水族館
	家族為主	←───→	生意人為主	接待顧客的應酬（附午餐）水族館
	小學生以上為主	←───→	嬰幼兒為主	有得玩又不會膩的水族館幼稚園
	在地人為主	←───→	外國人為主（集客）	可親近在地物種的水族館
	來館者	←───→	其他水族館	提供其他水族館諮詢顧問服務的水族館
	人在看	←───→	人被看（客人可以游泳）	能跟魚一起游泳的水族館泳池
Why	為了能興奮開心地享受	←───→	為了獲得療癒	療癒水族館
	只能看	←───→	不僅看，還能釣來吃	水族館釣魚場
	覺得「原來如此」	←───→	感動到哭	感動故事型水族館
How	邊走邊看	←───→	邊跑（搭）邊看	搭車探險水族館
	參觀時不提供飲食服務	←───→	參觀時可邊吃邊看	咖啡吧（立食）／俱樂部型水族館
What	多樣水中生物	←───→	專挑某種類（水母、淡水魚、深海魚等）	單種類水族館
	只有水中生物	←───→	還有動物、鳥類跟菌類	諾亞方舟館
	以成魚為主	←───→	以魚卵或稚魚、幼魚為主	可愛小魚水族館
	真正的魚	←───→	假（影片）魚	模擬水族館
	生物、生態	←───→	交配、標本	成人水族館

自由自在地組合多項要素

另外，將一個有主軸的點子，與可帶來其他主軸變化的事物組合，並打造更具體的概念，即可更加擴展點子的種類。

像是把水族館打造成讓銀髮族（Who）能好好休養（Why）的地方，因此將場所改為鄉下（Where）的附溫泉及釣魚體驗的魚群療法水族館；或是為了讓商業人士（Who）平日（When）能接待顧客或商談開會時使用（Why），改成提供商業午餐或酒精飲料（How）的咖啡吧水族館等。

圖表 2-10　結合多項主軸做出概念

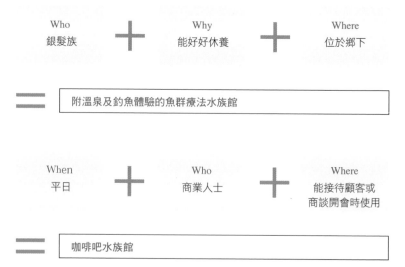

必須擺脫先入爲主

接著，若要更進一步拓展發想的視野，想出有趣的點子，能擺脫多少既有觀念或自以爲是的想法便成了重點。

我們每個人都有先入爲主的想法。比方說想鎖定小孩就要瞄準白天、想鎖定大人（情侶或商業人士）就要瞄準傍晚或晚上。

這時若能像下圖，利用以 5W1H 中兩個主軸當座標的象限，將想法視覺化之後，就能察覺到自己先入爲主的地方在哪裡。

圖表 2-11　刻意遠離先入為主的想法來構思　其①

〔大人取向・小孩取向水族館〕

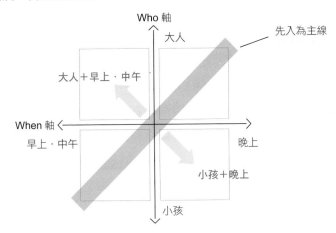

在此先以 Who 和 When 爲例。我們通常會像圖中灰色部分，沿著「先入爲主線」在常識範圍內構思點子。這時候更應該刻意遠離這條線，下定決心往藍色方向思考，即容易找出至今未出現的嶄新點子。「小孩在晚上能享受，附接送巴士，可學習奇幻刺激的團隊合作，夜晚的水族館探險之旅」，或是「大人在上班前，可以補充能量或被療癒，強化專注力的晨間活動水族館」等。

還有很多能利用 5W1H 的象限，擺脫各種先入爲主概念後構思出的點子。像是我們容易想到的「家人能興奮（熱鬧）享受」「商業人士能慢慢獲得療癒」等點子，都可以利用這個象限擺脫先入爲主的想法。

如右圖，以 Who 和 Why（目的）兩軸擴張發想，得到「商業人士在下午五點後能用在朋友聚會或接待客人的狂歡型夜店風水族館」，或是「彷彿來到深山的溫泉，能安靜休養的水族館（如果是狂歡型水族館，平日要上班的爸爸一定會很累）」之類的點子也不錯。

相信大家已經能夠理解，以 5W1H 爲基礎思考，就容易找到接近本質的突破點，也能輕鬆擴張靈感，轉換思考骨架。另外，組合多種角度之後，可以更容易發展出具體的點子，再進一步擺脫先入爲主觀念之後，能更簡單地拓展發想（思考領域）。

圖表 2-12　刻意遠離先入為主想法來構思　其②

〔家庭取向・商業人士取向水族館〕

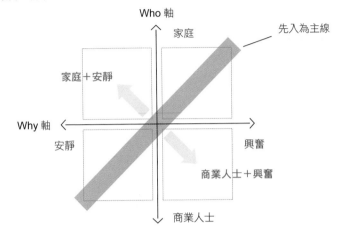

你發想的廣度有幾分？ 答案與解說

（A是0分，B是20分）

Q1 上司要求你做出會議概要的骨架時，你會？

A 把想到的項目一一列出。

B 先以5W1H來當骨架的重要支柱。

　　把想到的項目隨機提出的做法，雖然很簡單卻令人擔心結果。因為沒有掌握應該考慮到的整體發展，所以也容易看不清終點為何。不僅是企畫書，在任何場合都應該先確定符合目的的「架構」。

　　在這方面，最能派上用場的工具就是5W1H。平時就謹記5W1H架構的人與不在意的人，在這時更能分出高低。先以5W1H來當骨架的重要支柱，這種精神會在工作上成為一股極大的助力。

Q2 明明是第一次，卻突然被要求馬上建構新市場發展計畫的結構時，你會？

A 因為是不熟悉的領域，所以一頭鑽進行銷相關書堆中。

B 重要的是計畫，所以先思考怎麼應用5W1H。

這時的確需要某種程度的知識跟架構，所以不難理解立刻奔向行銷或事業策略計畫等相關書籍的心情。可是五力分析？畫分？確立目標？定位？4P？……突然被時尚字母洗禮的你，只會越來越搞不清楚狀況，最後只能眼睜睜看著準備時間結束！

　　像答案 B 一樣，在面對計畫或企畫等課題時，先套入5W1H 準沒錯。如果是市場策略（行銷）計畫，例如目的或目標（Why）、實施期間（When）、目標客群（Who）、商品或服務（What ＝ Product）、銷售媒介（Where ＝ Place）、廣告宣傳手段或媒體（How ＝ Promotion）、價格（How much ＝ Price）等事業計畫的必須因素，幾乎都能以此網羅，沒有不用的道理。可以藉此將更多時間投入在思考計畫內容，而不是花在學習如何製作計畫上。

Q3　對手公司的商品上市時，你會？

　　A 在意商品本身的細節與具體使用方式。

　　B 比起商品本身，更在意這個商品是給誰在什麼時候、什麼地方使用。

　　平常就絞盡腦汁的競爭對手，突然推出新商品的話，的確會在意商品本身的細節與具體使用方式。尤其是負責開發商品的人，更會想把商品買回來分解，也的確有時候需要這麼做。因此，A 答案並不一定是錯的。

　　可是，在仔細觀察商品本身的性能與品質（What）

前，希望能養成先注意商品所在市場的特性，以及預估使用該商品的顧客形象。也就是像答案 B 一樣，先注重目標客群遇到了哪些問題（Why），哪種人（Who）在哪個場合（Where ／ When）會使用。

現在各種商品的功能循環都逐漸邁入成熟期，光靠 What 無法做出明顯的差別。比起追求商品價值（商品與服務的內容），更需要在商品脈絡（What 以外）的價值上做出差別。

Q4 構思新商品與服務的點子時，你會？

A 思考比現有的商品更快、更便宜、更輕薄等加強性能的方式。

B 不跟現有商品競爭，堅持打造出完全不同的價值。

這個問題跟上一題涵義相同，可用以前的手機公司與蘋果公司 iPhone 來比喻。以往的手機公司一心追求更薄、更耐用、更多功能，且按鈕好按等硬體上的性能，在品質層面上和其他公司做同質化競爭時，蘋果打出了「沒看過的打電話方法」「改變世界，將所有事物再改變一次」的高度理想，做到了層次完全不同的價值——透過畫面與僅此一個的按鈕，有著美麗設計的小裝置（終端機）。

因此，思考比現有的商品更快、更便宜、更輕薄等加強性能的方式是當時的敗者——以往的手機公司；不跟現有商品競爭，堅持打造出完全不同的價值——是當時的贏

家蘋果公司。希望大家能以 B 為目標努力。

Q5 被要求在一分鐘內講出幾個水族館的新概念（服務內容的點子）時，你會？

A 最多講出五個點子。

B 能講出五個以上的點子。

　　這個問題已經在本章最後一節實際演練過了。隨機想出點子雖然不是難事，但很容易突然想不到或是沒有靈感，甚至只能提出一些微觀的服務提議等。

　　短時間內要想出大量的點子，以 5W1H 為基礎，就容易找到接近本質的突破點，也能輕鬆擴展靈感，轉換思考架構。另外，組合 5W1H 的幾個主軸，或是以兩個主軸畫出象限來去除先入為主的觀念（偏頗），也能更輕鬆地想出更多有趣的點子。請務必用身邊的主題來練習看看。

第三章

說服他人

以 Why-How
展現具說服力的邏輯

你的說服力有幾分？

請回答下表問題，並從 A 或 B 裡選出符合或傾向自己的選項。當然答案會視情況有所不同，但請盡量以直覺輕鬆回答即可。

		A	B
Q1	要向人說明某件事時，你會？	從想到的地方開始說，話中常加「然後」。	「我想說的事有三點～」，從項目開始說明的情況比較多。
Q2	說明某件事時，對方的反應是？	常在說明途中被插話。	幾乎都會聽我講到最後。
Q3	製作希望對方能採取或改變行動的資料時，你會？	以自己想表達的事為主來寫文章。	先思考對方關心的事，再寫文章。
Q4	使用思考架構整理資料時，你會？	在意整理得好不好看。	在意內容有沒有出現有意義的訊息。
Q5	以發表為前提做提案資料時，你會？	盡可能地蒐集資料，再進行分析統整。	先思考重要論點與假說為何，再來蒐集情報與分析。

回答得還順利嗎？答案跟說明於本章第 170 頁介紹。

會說明的人都使用
Why-What-How

打造傳達架構的 5W1H

本章將介紹商場上在說明及說服時能派上用場，打造理性溝通的基本思考方式。

溝通這個行為有許多種模式，方法也分為口頭、書面、發表、網站、電子報等各式各樣。另外，溝通的對象從公司部門內、部門間或經營者，到公司以外的顧客、進貨公司或合作公司等。

在許多的溝通場合中，5W1H 可以提供我們論點組合當架構，以打造有效說明或說服的結構。

不過，只是將 5W1H 直接排列成「何時（When）」「哪裡（Where）」「誰（Who）」「為何（Why）」「什麼（What）」「如何（How）」傳達，並不會有任何效果。

要掌握 5W1H 結構的本質，排列組合呈現出強大邏輯，才是重點所在。

用 Why-What-How 邏輯化

5W1H 中又以 Why-What-How 三組合，在以溝通爲前提的思考結構上特別有效，因爲各種事物都能用這三樣組合來說明。

請回想第一章的 Big-Why 思考圖。前面提過 Why 是 What 的目的及目標，What 是 Why 的手段。同樣的，也有 What 是 How 的目的及目標，How 是 What 的具體手段等相對關係。

換句話說，往上越接近 Why，越能找出本質所在；往 How 方向走，越能找出具體方法。

圖表 3-1　Why-What-How 的三層構造

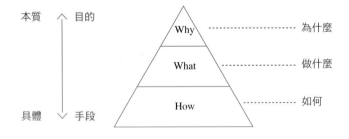

養成將事物以這種階層構造來分析，即使遇到下列各種場合或主題，也可以順利打造出邏輯。

圖表 3-2　Why-What-How 的活用案例

主題	Why （為什麼）	What （做什麼）	How （如何）
計畫	目標（To Be）	基本安排（To Do）	具體策略（How to do）
企業經營	理念（Mission）	戰略（Strategy）	戰術、策略（Tactics）
策略構成要素	目的	競爭優勢（勝利模式）	行動計畫
解決問題	問題本質	解決方向	實現手段
提供顧客價值	需求（事情）	欲望（物品）	種子（基礎）
會議	目的（成果）	主題（議題）	做法（進行方法）
向人表達	想法（心）	主旨（頭）	言語（身體）
人生	人生願景	人生計畫	日常生活
飛機	飛行原理	構成機能（模組）	個別零件
商業書構成要素	基本思想	學習重點	事例

說明要由上往下，構造化後再闡述

在說明某件事物時，不要突然從細節的 How 開始，基本原則是先從剛剛介紹的三層構造，由上往下依 Why → What → How 順序說明。

常被指出「你說的話很難懂」，或是被問「你說的這個很重要嗎？」「這份資料究竟要表達什麼？」的人，請試著照這個基本原則說明看看。

實際說明時，偶爾會出現受對方狀況或被賦予的時間，改從 What 或 How 開始說明比較妥當的情況，無論如何，培養出以這三層來整理思考並結構化的習慣非常重要。

不管是口頭還是書面，總之先寫出內容結構的草稿，再套入這三層級中。比方說下表，先結構化再說明就沒有問題了。

圖表 3-3　簡單明瞭的說明是有結構的

	說明競爭對手 A 跟 B 的戰略	針對以上內容
Why（目的）	A 公司的事業目的以一句話來說，就是「擴大銷量規模」。	B 公司比起銷量，更把目的放在「提升利益」上。
What（競爭優勢）	磨練與其他銷售端打好關係的各種能力，並以此當作競爭優勢來源。	競爭優勢來源在於商品品牌力量。打造強力品牌，並維持其價值以確保利益比例。
How（行動計畫）	具體來說，他們依銷售端分組，並盡快製作各通路需求的商品，大規模的物流中心與以出貨量為標準的業績評價系統，成功打造出可即時大量出貨的體制。	具體來說，他們依品牌分組，透過盡早回饋現場銷售排行給製造端的供需管理系統，以及以店面營業額為標準的業績評價系統，打造出在維持價格的同時盡量減少利益降低的庫存體制。

因此，兩者的策略是成對比的。

像這樣，先整理再傳達重點，聽的人也容易理解內容，之後的討論跟提案也能順利進行。

會說服的人都會畫 Why-How 金字塔

讓人採取行動的邏輯

本節將介紹能在說服上發揮功用的 5W1H 架構。

前面提到的說明跟說服，差別在哪裡呢？

商場上的說服，是為了促使對方採取某個行為。簡單明瞭地展示說服重點固然重要，但要如何更進一步實踐自己的主張（結論）才是重點所在。

因此，真正的目標是讓對方接受並採取行動。所以，說服的關鍵是有沒有站在對方的立場，提出足以回答他的疑問及疑慮的論點。

接下來，介紹幾個讓他人或組織接受自己的提案並採取行動的說服案例。

首先強調基本原則，就是下頁圖所示的「Why-How 金字塔」。

說服對方的時候，也就是提議或主張對方「（希望）你應該○○」時，要將其視為主要骨架的大論點是：

・Why「為什麼（應該做）？」
・How「該怎麼做？」

也就是說，準備「該做○○的理由」和「該做○○的方法」兩大要素，組成有說服力的邏輯。

圖表 3-4　成功說服的「Why-How 金字塔」

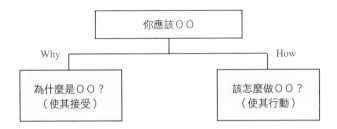

這個 Why-How 金字塔，在以下情況是非常有效的溝通結構。

・促使他人（組織）採取某個行動或改革。
・提議新事業等策略（做法）。

先來解說第一項，促使他人（組織）採取某個行動或改革。

變身人氣潮男的改革行動

立刻來看以下案例。

職場中有位 35 歲未婚的單身男子 K。工作還算可以，人品也不錯，只是髮型品味不太好，常給人苦悶的印象，很難交到女朋友。雖然他很想受到女生歡迎，也很想結婚⋯⋯

擔心他的你，即使覺得自己有點雞婆，但還是調查了他不受歡迎的原因是否是因為髮型。而結果也正是如此。

他除了髮型外，對服裝打扮等時尚方面都滿用心，有時候還會參加聯誼或約女生約會，可惜都沒有好結果。

因此，你決定建議 K 採取改變髮型，來變得更受歡迎的改革行動。可是對髮型特別保守的 K，似乎有很多不想換髮型的藉口，像是「會在意髮型的女人也不算什麼好女人」「我的髮型哪裡不好了」「沒時間換髮型啦」等諸如此類。

而你在事前也針對他為什麼不想換髮型的可能原因、也就是成為髮型改革的瓶頸（藉口），從各種角度思考並準備說服他的說法。這時候，你會怎麼擴展自己的思考範圍呢？

在改變他人的行為時，或是想令他人或組織採取某個行動時，若只是主張「你應該○○做」，想必很難順利達

到目的吧。因為對方若沒有聽到能解決疑問或疑慮的答案是不會行動的。

面對「為了更受歡迎，你應該改變髮型」的提議，K會有哪些想法、疑問或疑慮（也就是藉口）呢？感覺有很多，像是「我的髮型哪裡不好」「保養頭髮很花錢」「會找時間換髮型啦」「人重要的是內在」「太忙沒時間去髮廊」「該怎麼培養髮型的品味」等。

可是，針對每個細節準備答案的話，永遠準備不完，而且結論會缺乏說服力。所以在進入細節前，最好先專注在較大的本質論點上。這時候，5W1H就能發揮功用。

用 5W1H 剖析不說 YES 的思考模式

如前述，先用 Why-How 金字塔思考。首先，可以大致分為「Why：為何（應該做）」跟「How：該怎麼做」，也就是接受改革行動時會出現的疑問，以及實踐時的疑慮。

再來，針對前者「Why：為何應該採取髮型改革行動」，詳細地思考後如右圖。

如果你在公司跟幾個人一起進行某項工作時，上司突然叫你過去跟你說「我希望你可以不要做那個工作，現在立刻改做這份工作」，你腦中會浮現那些疑問呢？大致會是以下這幾項吧。

圖表 3-5 「Why-How 金字塔」的四個觀點

・為什麼（不是別的）是「這個」？──What 的觀點。

・為什麼（不是別人）是「我」？──Who 的觀點。

・為什麼（不是別的時候）是「現在」？──When 的觀點。

在這裡，K 的藉口（疑問）也都包含在這幾個主要問題（本質問題）　中。若沒有好好針對這三個 W 準備適當的回答，K 就不會採取髮型改革行動。

職場上的溝通也一樣。當你覺得自己的主張跟提案沒有說服力的時候，可能缺乏了這種（某個）觀點也說不定。

以 Why-How 毫無遺漏地說服

若要以這個架構來說服 K，一般來說，K 有的疑問或疑慮可能如下頁圖所示。

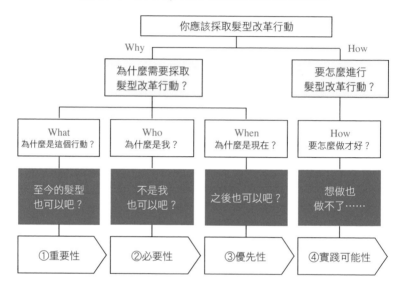

圖表 3-6　以 Why-How 找出對方的疑問及疑慮

你應該採取髮型改革行動

Why

How

為什麼需要採取
髮型改革行動？

要怎麼進行
髮型改革行動？

What 為什麼是這個行動？	Who 為什麼是我？	When 為什麼是現在？	How 要怎麼做才好？
至今的髮型 也可以吧？	不是我 也可以吧？	之後也可以吧？	想做也 做不了⋯⋯
①重要性	②必要性	③優先性	④實踐可能性

①重要性的疑問：「為什麼不能是以往的樣子或是其他選項，『這個提案』（在這裡是髮型改革行動）很重要嗎？很有魅力嗎？」

②必要性的疑問：「我了解它的重要性，但是為什麼這個提案對『我』來說是必要的呢？有什麼好處嗎？為什麼比起 A 或 B，『我』更有必要做這件事呢？」

③優先性的疑問：「我能理解其必要性，但為什麼這個提案需要『現在』優先執行呢？為什麼不是之後，而是現在？」

④實踐可能性的疑問：「雖然我理解這個提案的重要性與優先性（緊急度），可是到底要怎麼做才好？實踐時會遇到的技術、資金、時間等問題，該怎麼克服？」

這個 3W ＋ 1H 由左至右的流程，即是以① What（一般的）重要性→② Who（對對方來說的）必要性→③ When（對對方來說的）優先性（緊急度）→④ How（克服行動難處）實踐可能性的順序，是對方採取行動的心理及思考過程。

K 不採取行動的原因（你沒有說服力），可能是在這一連串過程中有某個（或是多個）地方出了問題。

假設各位拿著公司產品跑業務，想像顧客會出現哪種反應，即能理解這個 3W ＋ 1H 的組合。

這個商品的賣點在哪裡？跟既有商品或競爭商品來比哪裡好呢？（重要性）→我知道這商品好，但是對我們來說有什麼好處呢？適合我們嗎？（必要性）→雖然我們遲早需要，但是不急著現在吧？（優先性、緊急度）→雖然想要這個，可是很貴吧？我們公司的員工能使用得當嗎？（實踐可能性）與顧客的對話大概都是這種感覺吧？

優秀的業務會像這樣，將顧客的疑問或疑慮重新釐清後，準備好適當的對應方法才去跑業務。請大家務必參考這個說服邏輯。

釐清對方在採取
行動時的瓶頸

對方的疑問及疑慮是什麼？

K 對髮型改革行動的藉口（＝採取行動時的瓶頸）如下。從左至右來看看吧。

圖表 3-7　以 Why-How 找出對方的疑問及疑慮

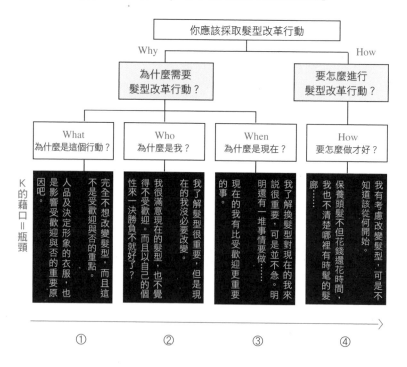

將 Why 完全分解後得到：

① Why-What：為什麼（不是別的）是「這個」？
② Why-Who：為什麼（不是別人）是「我」？
③ Why-When：為什麼（不是別的時候）是「現在」？
④ How：該怎麼做才好？

① Why-What：為什麼（不是別的）是「這個」？
・完全不想改變髮型，而且這不是受歡迎與否的重點。
・人品及決定形象的衣服，也是影響受歡迎與否的重要原因吧。

② Why-Who：為什麼（不是別人）是「我」？
・我了解髮型很重要，但是現在的我沒必要改變。（為什麼我需要改？）
・我很滿意現在的髮型，也不覺得不受歡迎。而且以自己的個性來一決勝負不就好了？

③ Why-When：為什麼（不是別的時候）是「現在」？
・我了解換髮型對現在的我來說很重要，可是並不急。明明還有一堆事情要做……
・現在的我有比受歡迎更重要的事。

④ How：該怎麼做才好？

‧我有考慮改變髮型，可是不知道該從何開始。

‧保養頭髮不但花錢還花時間，我也不清楚哪裡有時髦的髮廊……

　　為什麼 K 不坦誠地直接說 Yes 呢？看完藉口會發現 K 經常把提案的內容跟某件事物相比，和其他選項與缺點比較、和他人比較、與在其他時間軸上的優先事項比較、跟有限的資源比較等。

　　想說服對方的話，了解對方聽到提案後會與其他事物比較是非常重要的。

　　有說服力的優秀表現者，不管是否正中對方所想，一定會考量到難以看見的比較對象，然後再提出有邏輯的提案。

　　另一方面，說服力較差的人，為了讓自己主張的提案過關，根本不會考慮到難以看見的比較對象，只會強調「這個一定是好的」，容易做出偏頗的理論。這點正是決定邏輯有沒有說服力的分界點。

分解並區分各種要素後再提案

　　日常互動中，在不整理各細節論點的情況下，往往會

得到「No」的回答。

　　為了解對方預想的疑問或難以看見的比較對象，如「Why-What：為什麼是這個」「Why-Who：為什麼是我」「Why-When：為什麼是現在」，好好區分成三類，站在對方的立場上反問自己是非常重要的。

　　以大範圍找出疑問後，再針對問題思考怎麼回答（提議），就能做出有說服力的提案。如下頁圖的概念，實際提案如下。

K 的瓶頸①

・完全不想改變髮型，而且這不是受歡迎與否的重點。

・人品及決定形象的衣服，也是影響受歡迎與否的重要原因吧。

提案①

「在受歡迎的雜誌進行的調查中，適合臉的髮型比衣服更重要。」（＋有根據的數據）

「公司的女生們也幾乎是看頭髮或髮型品味來選男友。」（＋事實）

K 的瓶頸②

．我了解髮型很重要，但是現在的我沒必要改變。（爲什麼我需要改？）

．我很滿意現在的髮型，也不覺得不受歡迎。而且以自己的個性來一決勝負不就好了？

提案②

「你的對手 H 會開始受歡迎，也是因爲改變了自己的髮型。」（＋身邊的例子）

「你身邊的人也說你唯一弱點是髮型。不僅乏味，還抹去了你的穿衣風格及好人品。」（＋事實）

K 的瓶頸③

．我了解換髮型對現在的我來說很重要，可是並不急。明明還有一堆事情要做……

．現在的我有比受歡迎更重要的事。

↑

提案③

「現在你 35 歲，若不把握這個時機改變的話，容易錯失結婚適齡期。現在正是改變髮型的絕佳機會。」

「其他影響受歡迎與否的個性、工作、經濟能力以及穿衣風格，你都沒問題啊！」

圖表 3-8 以 Why-How 找出對方的疑問及疑慮

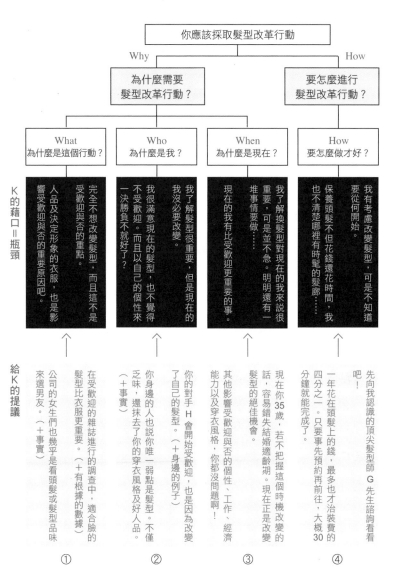

K 的瓶頸④

・我有考慮改變髮型，可是不知道要從何開始。

・保養頭髮不但花錢還花時間，我也不清楚哪裡有時髦的髮廊⋯⋯

↑

提案④

「先向我認識的頂尖髮型師 G 先生諮詢看看吧！」

「一年花在頭髮上的錢，最多也才治裝費的四分之一。只要事先預約再前往，大概 30 分鐘就能完成了。」

明確按下對方的行動開關

像這樣提出「Why-What：為什麼是這個」「Why-Who：為什麼是我」「Why-When：為什麼是現在」等大範圍的問題，就能掃描對方的思考與行動過程，防止遺漏任何重要的論點。

藉此可具體掌握對方在過程中特別在意什麼、接下來再說服什麼就能使其採取行動（＝開始行動的距離）。

另外，在提案的時候，其實不一定要用這三個問題當結構（論點）。重要的不是找出對方在接受並行動時會遇到的瓶頸，而是讓你自己更廣泛地思考。

圖表 3-9　在哪裡、如何說服，對方才會行動呢？

Why-What 為什麼是這個？	Why-Who 為什麼是我？	Why-When 為什麼是現在？	How 要怎麼做才好？
重要性	必要性	優先性	實踐可能性

只剩這些！

行動開關　　　　　只剩這些！　　　　　行動

行動開關

在這個例子裡，可用直接詢問等方法鎖定 K 不想改變髮型的理由，也就是問題所在，然後再對應理由去思考提議。K 願意採取行動的可能性也會一下子提高。

重要的是以「3W＋1H」，找出讓對方接受並採取行動的重要開關，然後做出能回應開關的明確提案。

先前介紹的金字塔圖，下層「針對 K 疑問的提議」，套用在說服力的邏輯構造後，就能統整如下頁圖。我們能更了解有說服力的邏輯結構。

像這樣排列組合 5W1H，並找出本質論點後，就能化身成強而有力的說服工具，發揮威力。

圖表 3-10　傳達給對方的訊息中不可或缺的基本邏輯

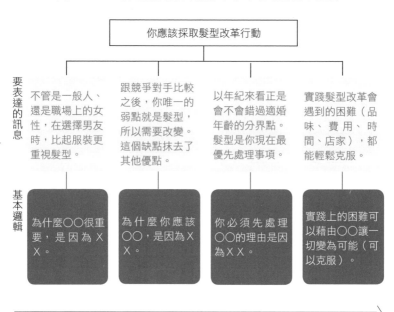

你應該採取髮型改革行動

要表達的訊息

| 不管是一般人、還是職場上的女性，在選擇男友時，比起服裝更重視髮型。 | 跟競爭對手比較之後，你唯一的弱點就是髮型，所以需要改變。這個缺點抹去了其他優點。 | 以年紀來看正是會不會錯過適婚年齡的分界點。髮型是你現在最優先處理事項。 | 實踐髮型改革會遇到的困難（品味、費用、時間、店家），都能輕鬆克服。 |

基本邏輯

| 為什麼○○很重要，是因為ＸＸ。 | 為什麼你應該○○，是因為ＸＸ。 | 你必須先處理○○的理由是因為ＸＸ。 | 實踐上的困難可以藉由○○讓一切變為可能（可以克服）。 |

第四節　有說服力的邏輯，讓對方採取行動與改革

想改革銷售模式時，你可以怎麼做？

先前提到，讓 K 變身為人氣潮男的髮型改革行動，是發生在各位身邊隨處可見的例子，像這樣促使他人採取行動與改革的有說服力的邏輯，可以應用在各種情境中。例如想要促使個人或組織發起新的行動或改革時，或是想訴求新技術開發準備時，抑或是想主張強化擴大某項商品販售時，甚至是在銷售過程中試圖說服顧客時。

我們就來複習並確認以下的例子吧！

假設你是某家工業原料製造商的業務部主任，為了突破近日銷售萎靡瓶頸，你認為變更銷售方式是當務之急。

具體來說，我們應該脫離往昔被動地接受顧客訂單，單方面地說明商品的固定銷售模式，轉型成提案型銷售模式，成為顧客的諮商對象，找出本質性的問題（需求），提出統整的解決方案。

為此，當你想跟上司進言「我們應該著手強化提案型銷售技巧的方案」，你應該以什麼樣的架構來傳達呢？

如前述，試試應用 Why-How 金字塔吧！你應該創造出什麼樣的說服邏輯？以下列所示的 10 個資訊當作基礎應用，完成金字塔！

圖表 3-11　說服上司的邏輯

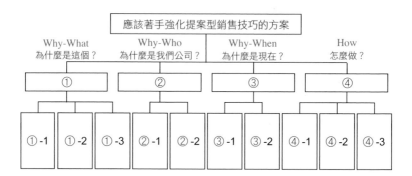

［資訊］

（a）根據市場調查，本公司業務人員的問題解決能力，在主要供應商中排名倒數第二。

（b）本公司業務部有多位能夠進行高成效提案型銷售的業務經理。

（c）近日客戶面對的問題過度複雜，無法自我消化處理。

（d）提案型銷售的基礎技巧，可以透過集體研習方式訓練，業務人員全員研習三天，預算在 60 萬元以內。

（e）勁敵 D 公司在商品開發的初期階段就積極協助幫忙客

戶，透過統整性的提案贏取了大型訂單。

（f）透過詢問調查，主力顧客的心聲大多是不滿意銷售方單方面的產品說明與單項產品的訂單拜訪。

（g）本公司的人力培育部門可製作並提供提案型業務教育的業者名單。

（h）本公司業務員大多是吸收知識很快的年輕人。

（i）改變業務員評價制度不會花太多時間，但是培育技能（教育）卻很花時間。

（j）本公司近日營業額是在競爭公司中下降最多的。

透過 Why-How 創造有說服力的邏輯

透過填入左圖的框架來創造有說服力的邏輯吧！我們必須著重在兩大重點，第一是 Why 的論點：「為什麼應該著手強化提案型銷售技巧的方案？」再加上第二 How 的論點：「如何強化提案型銷售技巧的方案？」

接著，關於「Why：為什麼應該著手強化提案型銷售技巧的方案？」從現今銷售模式的改變、有無其他銷售能力提升方案、提升技能是否費時等問題事項中，一定會出現能夠回答上司突襲、有說服力的提案。具體部分我們一一看下去。

① Why-What：為什麼是這個？
② Why-Who：為什麼是我們公司？
③ Why-When：為什麼是現在？

關於「Why-What：為什麼是這個？」為什麼不用目前的固定銷售模式，而尋求提案型銷售技巧呢？其實只要蒐集市場（顧客）的要求（聲音）、先前的競爭資訊、其他工業原料業界的銷售方式變化等情報作為佐證，就能增加說服力。

關於「Why-Who：為什麼是我們公司？」只要有資訊或數據能證明公司營業額萎靡的原因在於銷售方式，跟競爭公司相比顧客對業務的評價較低等，上司就會了解不能再繼續放任下去。

關於「Why-When：為什麼是現在？」強化銷售技巧與其他銷售措施相較更花時間，如果沒有搶占先機就得不到好位置，盡早、即時的對策相當重要，只要能蒐集這些事實當作根據，上司也會產生共鳴。

至於「How：應該如何進行？」事先討論強化提案型銷售技巧該以什麼順序進行相當重要，或是提出實踐時在技術面、資金面、時間面等會遇到什麼難關，又應該怎麼克服等根據或思考方式，就能夠提高上司的接受程度。

以有依據的情報來增加說服力

具體來說，就像圖表所呈現，放入邏輯根據的（a）～（j）便能增強說服力。

① Why-What：為什麼是這個？（關於顧客提案型銷售模式的重要性）

（c）近日客戶面對的問題過度複雜，無法自我消化處理。

（e）勁敵 D 公司在商品開發的初期階段就積極協助幫忙客戶，透過統整性的提案贏取了大型訂單。

（f）透過詢問調查，主力顧客的心聲大多是不滿意銷售方單方面的產品說明與單項產品的訂單拜訪。

② Why-Who：為什麼是我們公司？（關於本公司是否有必要進行此提案的必要性）

（a）根據市場調查，本公司業務人員的問題解決能力，在主要供應商中排名倒數第二。

（j）本公司近日營業額是在競爭公司中下降最多的。

③ Why-When：為什麼是現在？（關於在現在這個時間點進行的理由）

（h）本公司業務員大多是吸收知識很快的年輕人。

（i）改變業務員評價制度不會花太多時間，但是培育技能（教育）卻很花時間。

④ How：應該如何進行？（關於實踐與實行的可能性）
（b）本公司業務部有多位能夠進行高成效提案型銷售的業務經理。
（d）提案型銷售的基礎技巧，可以透過集體研習方式訓練，業務人員全員研習三天，預算在 60 萬元以內。
（g）本公司的人力培育部門可製作並提供提案型業務教育的業者名單。

大範圍建構有說服力的訊息

我們可以將放入四個架構的訊息，統整成下列：

① Why-What：為什麼是這個？
「（不單單只是固定銷售）積極引導出複雜化的顧客問題，提高統整性提案銷售技巧的重要性（顧客期待）。」

② Why-Who：為什麼是我們公司？
「本公司營業額與其他公司相比，較萎靡的主因是業務員的解決問題能力較差，所以需要強化提案型業務技巧方

案。」

③ Why-When：為什麼是現在？
「比起改變評價制度等其他銷售實施方案，強化提案型銷售技巧更加費時，對於人才知識吸收力較高的現下正是好時機。」

④ How：應該如何進行？
「本公司對於強化提案型銷售技巧所需的教育研修，擁有迅速且低成本的實施條件。」

以上過程如下頁圖示。

比起模糊地提問「Why：為什麼應該著手強化提案型銷售技巧的方案？」分別提問「Why-What：為什麼（不是以往的模式或其他方式）是這個？」「Why-Who：為什麼（不是其他公司）是我們公司？」「Why-When：為什麼（不是其他時候）是現在？」加深思考的廣度，就能實際感受到腦海中容易浮現出必須獲取的資訊（根據）。

基於 Why-How 金字塔，我們可以建構出廣泛的論點與訊息，但根據主題的不同，並不須鉅細靡遺地全部都告訴對方。你可以根據對方想詢問的部分、需要對方同意才能解決的困難部分做重點說明。

只要你能站在對方的立場，找出問題點與掛心之處，就能在對方關心的範圍建立有說服力的邏輯，並大大提升對方同意你的看法而採取行動的可能性。

圖 3-12　說服上司的具體訊息

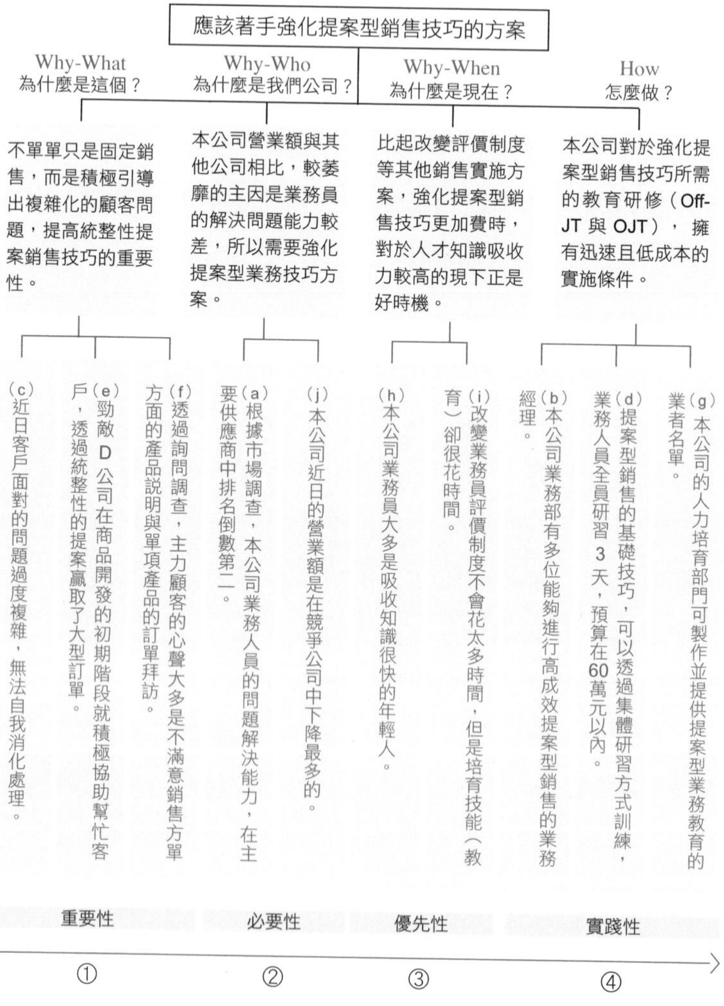

應該著手強化提案型銷售技巧的方案

Why-What 為什麼是這個？	Why-Who 為什麼是我們公司？	Why-When 為什麼是現在？	How 怎麼做？
不單單只是固定銷售，而是積極引導出複雜化的顧客問題，提高統整性提案銷售技巧的重要性。	本公司營業額與其他公司相比，較萎靡的主因是業務員的解決問題能力較差，所以需要強化提案型業務技巧方案。	比起改變評價制度等其他銷售實施方案，強化提案型銷售技巧更加費時，對於人才知識吸收力較高的現下正是好時機。	本公司對於強化提案型銷售技巧所需的教育研修（Off-JT 與 OJT），擁有迅速且低成本的實施條件。

（c）近日客戶面對的問題過度複雜，無法自我消化處理。

（e）勁敵 D 公司在商品開發的初期階段就積極協助幫忙客戶，透過統整性的提案贏取了大型訂單。

（f）透過詢問調查，主力顧客的心聲大多是不滿意銷售方面的產品說明與單項產品的訂單拜訪。

（a）根據市場調查，本公司業務人員的問題解決能力，在主要供應商中排名倒數第二。

（j）本公司近日的營業額是在競爭公司中下降最多的。

（h）本公司業務員大多是吸收知識很快的年輕人。

（i）改變業務員評價制度不會花太多時間，但是培育技能（教育）卻很花時間。

（b）本公司業務部有多位能夠進行高成效提案型銷售的業務經理。

（d）提案型銷售的基礎技巧，可以透過集體研習方式訓練，業務人員全員研習 3 天，預算在 60 萬元以內。

（g）本公司的人力培育部門可製作並提供提案型業務教育的業者名單。

重要性　　　必要性　　　優先性　　　實踐性

①　　　②　　　③　　　④

<table>
<tr><td>第
五
節</td><td>創新事業的
戰略計畫① 3C ＋ 4P</td></tr>
</table>

創新事業要怎麼提案？

接下來，我想說明 Why-How 金字塔的第二個主要用途，關於創新事業的提案戰略（解決方法）。與前言介紹的新創事業提案採用的戰略計畫是同樣的案例。

趕快來看看以下案例吧！如果是各位，針對這個提案，你會提出什麼樣的問題或建議？試著成為被提案方，或是以老闆的角度來思考看看！

A 是一家中型連鎖花店的企畫部主任，公司在 K 市內各處開設據點，並拓展了 10 家店鋪。

這家公司的業務主力為鮮花與花束等店面零售，與取得花藝資格的課程教室。但近幾年業績持續低迷，為了突破困境，A 準備提案新事業「花卉教育」。

花卉教育跟飲食教育或木材教育同為教育性活動，目的是透過以花為教材的自由創造體驗，培養感性、創造力和表現力。下週就要給部長初步的簡報資料。

A 先前已經參加過外部研討會，他使用當時學的幾個

架構進行了提案分析，數據也大致蒐集完畢。

　　「因為是新創事業的提案，首先用『3C』來分析，再用行銷的『4P』找出實施方案，這樣就大致統整完成了。只要這樣準備，不僅是部長，管理階層的人應該都能被說服。」使用架構 3C 與 4P，A 的簡報資料重點如下。

透過 3C 分析鞏固事業戰略

①關於「市場（Customer）」

・近年來，花卉商業市場基本上全體衰退。婚禮以及法會相關的支出減少，並且因為長期景氣低迷，個人及企業的花卉需求也同樣銳減。

・但是花卉相關的商品或服務，比起以往更加多元化，無論是園藝或乾燥花、人造花（人工材料的花）的銷售或課程，或是時尚的盒裝禮物花的網路銷售等，都相當盛行。

・特別是幾年前出現以日常生活花卉為主，開拓新事業的業者，為活絡市場貢獻了一己之力。

・在有公司花店的商圈，約住有 X 萬戶家庭，往後預計將成為新興的衛星城市，且將有大量人口流入。（往後五年的預測：市場規模將為○億元、市場成長率為△％）

・而且商圈內除了補習班之外，還有舞蹈教室、音樂教室、繪畫教室等，相對來說是較有教育熱忱的地區。

往後，以活絡市場的日常花卉藝術為主題的花卉教育，勢必能發光發熱。

②關於「競爭（Competitor）」

・商圈內的競爭對手，之前只有在地的 B 與 C 兩家公司，但最近銷售通路開始多樣化，超市、五金行、便利商店等都開始積極經營花卉事業。另外，新崛起的日常花卉連鎖店 D 公司，也擅長銷售廉價又時尚的花束，這又是另外一種威脅。

・B 公司、C 公司、新興企業 D 公司，特大超市 E 公司的市占率或業績（營業額等）的變遷為……特徵分別為……

・B、C、D、E 四家公司，不管哪間都位於車站周邊，分別以店頭銷售與公司銷售為基礎。C 公司與 D 公司雖然針對女性上班族開設了一些課程，但是還沒著手進行花卉教育事業。

搶先競爭對手開始花卉教育事業，可以作為先驅者，對拓展版圖十分有利。

③關於「自家公司（Company）」

‧近幾年，原有的事業主軸（鮮花、花藝、取得花卉資格的課程教室）都陷入了苦戰，業績持續低迷，往後也沒有改善的前景。

‧店員的花藝技術高超，能夠輕易裝飾出受孩子歡迎的可愛花卉。

‧作為新創事業，只要能攻占成長中的花卉教育市場一角，可以期待幾年後有大約○億元的營業額與利潤（＋預測數值）。

↓

> 原有事業今後將會更為嚴峻，為了活用公司的優點，應該早日加入花卉教育事業。

透過 4P 開啟行銷戰略

‧商品、服務（Product）：以日常花卉花藝為主題的花卉教育課程，總共六堂。

‧價錢（Price）：費用為取得一般資格課程的八折（考量花材成本）。

‧銷售通路（Place）：自家公司的全店鋪接受報名與實施

課程。

・廣告宣傳（Promotion）：於鄰近商圈發送傳單，在店鋪配置海報與宣傳手冊，每月在地方雜誌刊載兩次廣告。

↓

> 根據上述的實行方案，提出早期打入花卉教育市場的觀點。

以上的架構如何呢？雖然還有一些疑問和掛心之處，但應該許多人覺得策略提案都是這樣子吧？

的確，這樣的內容比較下來是相對完整的。A 用 3C 引出為什麼是花卉教育市場（Why），再用 4P 落實如何進行這事業（How）。並且整理出 3C 中每個 C 的訊息，所以能夠準確傳達要說的話。

但是非常可惜的，這個策略提案缺失了幾個重要的論點。當 A 向管理階層提出這個提案時，應該會被詢問幾個本質性的問題。

如果你沒辦法明確回答這些問題，無論數據調查得多麼仔細、準備多縝密的理論，比賽將馬上結束。

問題是什麼呢？我們在下一節一邊套用 5W1H 策略計畫的說服邏輯，一項項仔細說明。

第六節 / 創新事業的 戰略計畫② 5W1H

3C ＋ 4P 容易遺漏的論點

如右圖所示，請看策略計畫的說服邏輯金字塔圖。

大框架與先前所述，促使行動、改革的說服邏輯相同，但 5W1H 的部分有些許不同，請務必注意。

「為什麼是這個市場（Why）」底下為①「在哪裡競爭（Why-Where）」②「目標對象是誰（Why-Who）」，而「如何競爭（How）」底下由③「靠什麼獲勝（How-What）」④「什麼時候開始（How-When）」⑤「具體應該如何進行？（How-5W2H）」等共五個基本論點所構成。

這些正是管理階層會提出的簡單本質性問題。

對於花卉教育市場的策略提案，部長或經營者一定會提出諸多論點（疑問、掛心之處）。

按照順序來看，A 的策略計畫相當完美，但仍然可以看到有偏離論點之處。到底該放入什麼樣的論點才好呢？讓我們來一一確認。

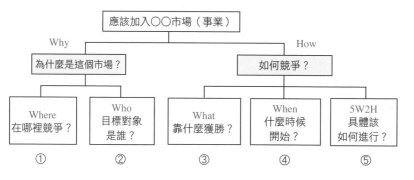

圖表 3-13 策略計畫的 Why-How 金字塔

①在哪裡競爭（Why-Where）

「說到底，爲什麼要瞄準花卉教育市場呢？」

「爲什麼不是活化市場的人造花銷售或課程、或是花卉禮物的網路銷售？除了這些之外的市場（事業）呢？（或爲什麼這些事業不行？）」

「就算瞄準花卉教育市場，也不能將所有東西都一概而論。可分爲以個人（大人、小孩）爲目標、以學校爲目標等，又能再細分下去對吧？」

針對這些問題，A 的簡報中並沒有準備明確的答案。

特別是「爲什麼是這個」的問題極其重要，沒有說服力的策略計畫，會突然讓自己陷入「原先決定的市場」這種狹窄的思考領域。如果已經決定加入花卉教育市場的話

倒還好，若不是，那在眾多市場候補中為什麼選這個？為什麼鎖定這個領域？如果沒有提出以上根據，很難得到他人的認同。

注意事項！
→以市場的什麼區塊為對象？原因為何？
→市場（事業）的魅力是？市場規模或市場成長性是否夠大？
→自家公司建立起優勢的可能性是多少？是否能運用自家公司的長處？

②目標對象是誰（Why-Who）

【以誰為目標對象？】
「（假設目標市場就是花卉教育市場）具體的目標顧客是誰？」
「顧客本身有什麼樣的需求？有什麼煩惱或課題呢？」
「假設顧客是有小孩、熱中於品味教育的家庭，誰來決定購買花卉教育的服務呢？小孩本身？母親？如果考量到課程為數萬元的教育支出，決定者會是父親嗎？」

首先，關於目標對象是誰，缺乏說服力的策略計畫、

包括 A 的提案，都沒有觸及目標顧客的描述。

　　作為顧客集合體的市場，即使你正確預測統計出「規模是如此，成長性為如此」，最終仍止於不切實際的話題。並不是說我們不需要市場數據，巨觀的市場與微觀的顧客是完全不同的兩回事。

　　重要的是必須在策略計畫中昭示，構成市場集合體的「真實顧客」確實存在。當然，在這階段進行數百名規模的問卷調查有些困難，但你可以聽取未來顧客的心聲，將其加入策略計畫中，如此也能讓說服力更上一層樓。畢竟無論多偉大的老闆，也敵不過真實的顧客心聲。

　　選擇顧客候補名單的重點，具體應該放在顧客是什麼形象、實際有什麼需求（課題或煩惱），並且會透過什麼樣的程序產生購買行為。

　　另外，此次的花卉教育案例也是一樣，若只把顧客鎖定為家族是不夠的。你應該要深入探討家庭中誰握有購買的決定權、誰會影響購買者、誰又是實際的消費者。特別是有複數購買關係人的製造商，購買者分析尤其重要。

注意事項！
→顧客具體的形象為？
→顧客擁有什麼樣的需求（煩惱、課題）？
→擁有購買決定權的是誰？

「我們已經知道原有事業的競爭對手，但在花卉教育事業中，誰最有可能實際成為直接的對手？在這情況，我們能夠趁虛而入的點為何？應該戒備的點又為何？」
「競爭店鋪會在哪個區塊對戰？我們應該避開正面對決還是正面迎擊？」

「和誰競爭」這種競爭對手的視角，容易使人像 A 一樣誤入陷阱，只列舉出以往競爭對象的優缺點。但是，只要競爭市場一改變，對手也會跟著改變，可以運用的長處或變成絆腳石的弱點也會跟著不同。

舉例來說，美國的廉價航空公司西南航空，定調為對手的不是其他航空公司，而是巴士公司，他們徹底訂製出可以戰勝巴士的機制，並持續保持良好業績。

重要的是，確切思考往後誰會成為強敵，為了不被迎頭趕上（不讓他們占上風），應該怎麼做才是重點（在經營用詞稱作「持續性競爭優勢」）。

例如，在現在這個時間點，即便自家公司在新創市場狀況很好也發展順利，之後其他公司也一定會加入這個市場。此時，應該怎麼防範後來者、不被超越，若提案中有探討這個問題，說服力將完全不同。

再者，如果將花卉教育事業看成培養創造力和表現力

的教育服務之一，那對手就不僅限於花卉業界（相同領域業者）。像前述的西南航空一樣，可以想到會與工作坊或繪畫教室等其他業界（替代品）來爭奪客戶。

自己定義的市場（Where），不是以往的競爭對手，而要深入探討誰才是跟我們爭奪客戶錢包的對象。

注意事項！
→（包含不同業種）在市場真正需要競爭的敵手是誰？
→不被超越的重點、長項為？

③靠什麼獲勝（How-What）

「在貿然進入具體的產品、服務（4P）之前，在市場（事業）占盡優勢、成功的重要關鍵為何？」
「透過到目前為止的探討，什麼才是差異化的重點（定位）、致勝模式？」
「透過怎樣的機制或武器，才能實現致勝模式？」
「為了實現勝利，應該擁有怎樣的經營資源或組織能力、實用知識？」

雖然會像這樣出現幾個不同的論點，但最重要的還是

第一個提問。A的簡報從3C分析貿然跳到具體的產品服務，於是成為欠缺說服力的策略計畫。

應該明確告知「在這個市場成功的關鍵為何？這個事業的重點為何？」根據先前的①②，如果沒有好好了解這兩項，提案就會過於理想化，變成只適合一小部分的狀況。

例如花卉教育事業的成功關鍵為何？當然，答案會根據所瞄準的顧客目標改變，但假設以親子為目標對象，便可以得到「確保容易聚集關注親子教育的場所」是重要的成功關鍵。

實際上，順利擴展事業版圖的花卉教育商人，會與幾家小學建立關係，使用放學後的教室來招攬客戶。如果你不能理解這是成功的關鍵，僅強調製作有吸引力的課程計畫或是在店頭貼海報等瑣碎的施行方案，沒有任何意義。

客觀理解在市場上成功的要點，決定了自家公司的致勝模式（滿足目標市場的顧客需求，與敵手差異化的重點），並能依此定義出公司內部的機制或資源。基本上只要照這個順序思考就沒問題了！

注意事項！
→從外部環境分析，事業成功的要點為何？
→實現致勝模式的機制或資源為何？

④什麼時候開始（How-When）

> 「可以在全店鋪實行花卉教育活動嗎？」
> 「在哪個時間點加入市場？要按什麼步驟來拓展事業？」

關於這個論點，A 並沒有顯示出特別的想法，只是把 4P 的通路（Place）設定為全店鋪。全店鋪同時為銷售通路，又是實施花卉教育課程的通路，因此有可能產生第一個疑問。因為管理階層的關心重點都放在：「這個計畫真的能實現嗎？」

通常，事業的策略計畫並不是半年或一年這種短期性的計畫。我們必須思考三到五年，或是十年這種中長期的計畫。

因此，在市場（產品）的生命週期中，應該在哪個時間點加入，或是應該經由什麼步驟來開拓事業，展示大框架的時間軸劇本便相當重要。

例如此次的案例，是否有想到「首先從主要店鋪的商圈，以幼兒親子為目標市場開始，等到市場真正活絡後的三年，再擴大至五店鋪，並以小學親子為目標顧客……」這樣的劇情規畫，對於評價策略計畫的品質是相當重要的關鍵。這與仔細說明細節是完全不同的。

注意事項！

→加入的時間點為？

→展開事業的步驟（順序）為？

⑤具體該如何進行（How-5W2H）

如果能像 A 的提案一樣，根據目前①～④四個步驟，創造出具體的實施方案會更好！

注意事項！

→ 4P 階段的實施方案為？

→詳細的實行計畫為？

以上詳細解說了策略計畫的說服邏輯，透過組合 5W1H，就能簡單回答從經營者角度出發，尖銳的本質性提問。

關於這些提問，再次整理為右圖，請務必靈活運用於理解主要論點時。

另外，雖然本章使用了 3C ＋ 4P 架構來說明，但在實踐有說服力的邏輯時，只要能夠照①到⑤的順序來傳達訊息即可。只要能靈活運用，大家的策略計畫說服力一定會大幅提升！

圖表 3-14　策略計畫不可或缺的主要論點清單

① Where	・在什麼區塊競爭？ ・市場（事業）是否吸引人？ ・是否能夠運用自家公司的（什麼樣的）優點？
② Who	・目標對象是誰？（顧客形象為？）需求、決定購買因素為？誰影響購買者？ ・與誰競爭？能趁虛而入的點為？需要戒備的點為？持續性優勢的重點為？
③ What	・事業成功的重點為？ ・差異化的重點為？致勝模式、定位為？ ・實現成功的機制或資源為？
④ When	・加入的時間點為？ ・拓展事業的步驟為？
⑤ 5W2H	・4P 為？ ・詳細的實施計畫為？

你的說服力有幾分？ 答案與解說

（A 是 0 分，B 是 20 分）

Q1 要向人說明某件事時，你會？

A 從想到的地方開始說，話中常加「然後」。

B 「我想說的事情有三點～」，從項目開始說明的情況比較多。

　　不管是口頭還是書面，在溝通的時候要像 B 答案一樣，先說要表達的多項重點，再依序解釋，這是獲得對方安心與認同非常重要的做法。相反的，像 A 一樣「還有～」「然後～（順便說～）」的說法，感覺一直在補充說明看不見的終點，完全摸不清整體的模樣與重點所在，只會令對方感到壓力。這種做法是得不到理解和認同的。

　　聽過「CREC」的說話結構嗎？以 C：Conclusion（結論）、R：Reason（理由）、E：Examples／Evidence（具體根據、證據、案例），再重新回到 C：Conclusion（結論）的結構說話，不僅使人容易理解還很有說服力。「我的結論是○○，其理由有三個，一～、二～、三～。首先說明一是～，具體來說是～。其次，二是～。最後的三是～。因此我的結論是（再次說明）○○。」重要的是在溝通前先做好表達的架構。

Q2 說明某件事時，對方的反應是？

A 常在說明途中被插話。

B 幾乎都會聽我講到最後。

説不定有人認為：「對方途中插話，談話氣氛才能熱絡起來，很好啊！」不過，若要傳達事情，理想情況還是 B 答案。對方無法把話聽到最後，説不定是因為你的説法已經造成對方很大的壓力。這樣不但會惡化自己的形象，也很有可能讓對方根本聽不進去你想表達的事。

A 跟 B 的反應，會因為以下兩點有明顯改變。第一是跟第一題一樣，有沒有事先告訴對方自己的重點。先讓對方了解話題的概要，對方想必也能安心地聽到最後。另一點是，説明順序有沒有站在對方的角度上思考。遲遲沒聽到自己關心或想知道的事，應該會忍不住在途中插話。也就是説，不以自己想説的為順序來表達，而要以對方想聽的順序來表達才對。溝通時請務必考慮到聽者的立場。

Q3 製作希望對方能採取或改變行動的資料時，你會？

A 以自己想表達的事為主來寫文章。

B 先思考對方關心的事，再寫文章。

這也是跟第一、二題相關的問題。實際上，我們容易説出「我是這麼想。因為某某理由，所以希望能這麼做」

的言論。可是，即使你講得再正確，如果對方無法認同並將之視為自己的事，就很難得到對方的理解。

重要的是像 B 答案一樣，在對方表現出對提案感到疑問及疑慮（藉口）時，或是預料對方會問的問題後，將自己對這些問題的回答或想表達的訊息融入文章中。就像先前推動讓 K 變得受歡迎的髮型改革行動案例所強調，以組合排列 5W1H 形成的「Why-How 說服邏輯」是最有效的。換句話說，就是①「Why-What：為什麼（不是別的）是這個」②「Why-Who：為什麼（不是別人）是我」③「Why-When：為什麼（不是別的時候）是現在」④「How：該怎麼做才好」。

先釐清對方會出現的疑問跟疑慮（採取行動前的瓶頸），再構思能應付這些問題的說服邏輯，就能提高說服對方的可能性。詳細請重新參考本章第二至三節的內容。

Q4 使用思考架構整理資料時，你會？

A 在意整理得好不好看。
B 在意內容有沒有出現有意義的訊息。

商業工具，包含本章提過的 3C、4P 等各種架構。架構是前人的智慧，在分析或報告時活用它，就能網羅某種程度的重點，也能因此感到安心。可是正因為如此，要小心不陷入「架構症候群」的圈套。也就是說，我們容易變成只重外表不重內容的「外表型」，或毫無意義重點的「實

況轉播型」，以及整體毫無邏輯、沒有結論的「迷霧型」。

　　統整資料要像 B 答案一樣，挑出能推動商業往前進、有意義的訊息。有關這點，5W1H 可以藉由丟出簡單又接近本質的問題來幫助我們。像是本章強調的 5W1H 策略計畫說服邏輯，就能提供結構及問題，使我們得以找出有意義的論點。

Q5　以發表為前提做提案資料時，你會？

　　A 盡可能地蒐集資料，再進行分析統整。

　　B 先思考重要論點與假說為何，再來蒐集情報與分析。

　　分析商業上的問題，或是以此為基礎做資料時，最常出現的情景就是像 A 答案一樣，盡可能地蒐集資料、仔細驗證，花時間得出 100％正確結論的由下而上思考。從前各業界遵守著明文規定及潛規則，在整體商業環境安定的情況下，或許這方法還行得通。可是，在現今變化激烈的環境下，以那種思考過程來分析或做資料，就會錯失先機。

　　這時代要像 B 答案，先決定重要的論點，再提出「可能是這樣」的假說（假設結論），並為了驗證而蒐集情報。我們需要這種有速度感的假說思考或由上而下思考。5W1H 是建立假說思考與體驗時不可或缺的工具。

第四章

問題解決

用 3W1H 篩選最佳方法

你的問題解決思考有幾分？

請回答下表問題，並從 A 或 B 中選出符合或較傾向自己的選項。當然答案會視情況有所不同，請盡量以直覺輕鬆回答即可。

		A	B
Q1	針對組織中發生的問題，探討解決方案時？	重視過去的經驗或例子，從一開始就決定解決方案。	列出多個選擇方案，決定數個判斷基準再選擇最佳方案。
Q2	針對問題分析，處理情報時應該？	總之，盡可能蒐集大量情報。	先設定假說，再獲取情報。
Q3	當業務部的上司問你：「營業額雖然穩定成長，但是最近拜訪客戶的次數卻減少了。這是一個大問題，你覺得應該如何是好？」	回答：「的確問題很大呢！我馬上調查看看！」	回答：「我們首先要思考這件事是不是一個問題。」
Q4	當你知道比起去年同時期，部門的營業額減少時？	首先思考「為什麼減少」。	首先思考「哪裡（什麼）減少」。
Q5	當你身為店長，需要思考最近來店後沒買東西就離開的顧客為何增加的原因時？	想想自己有做跟沒做到的事。	首先觀察顧客從來店到購買的程序，站在顧客的立場篩選出可以想得到的原因。

回答得還順利嗎？答案跟說明於本章第 224 頁介紹。

第一節　用 3W1H 消除先入為主與浪費力氣

不要一頭栽進細節裡

商業是發現問題與解決問題的循環。本章將接續前章，藉由 5W1H 的組合，來掌握有效解決複雜商業問題的思考程序。

我們每天都在面對各種問題，並設法解決。此時容易犯下錯誤的思考模式，便是先入為主與浪費力氣。

先入為主是偶然看到眼前的表象，就將注意力全放在上面，無法跳脫刻板印象，且容易一頭栽進沒有根據、流於表面的結論（解決方式）。

雖然先入為主並非都是壞事，但卻容易將不是問題的地方視為問題，無法找出問題真正的原因，而將力氣浪費在錯的地方，導致無法有圓滿的結果。

與先入為主相反的浪費力氣，是指胡亂蒐集、分析情報，將看到的所有事都視為問題，並一一擬出對策。

因為不是根據假設去蒐集必要的情報，或是縮小問題（原因）與解決方案的範圍，所以需要花費較多的時間，

最後卻沒有效果，大多成了白費力氣。過度蒐集或了解情報，反而會讓思考的生產力減低。

為了不陷入這種錯誤的思考模式，徹底實施關鍵的問題程序相當重要。

高績效的人並不會突然深究問題細節或解決方案，也不會盲目地拓展問題，他們會先從「透過什麼樣的組合或程序才能解決問題」開始思考。這便是本章所介紹 3W1H 的步驟。

具體而言是透過①「應該解決什麼（What）」→②「哪一部分出了錯（Where）」→③「為什麼會發生（Why）」→④「應該如何解決（How）」的順序，來篩選並解決真正的問題。

圖表 4-1　為了有條理解決問題的「3W1H 步驟」

這個程序能夠應用在各種問題解決的主題上，可說是實用性相當高的「樣板」。順帶一提，序章介紹中型家電

量販店營業額計畫的例子，也是套用此思考模式來解決問題的案例之一。

我們就來了解最強的解決問題模式 3W1H 的步驟吧！

如下列健身房的案例，我們將大致說明關於問題解決程序的整體樣貌或容易踏入的陷阱。接著下一節，會以綠色健康公司的案例，來具體了解每個步驟需要留意之處與訣竅。

健身房解約人數增加的真正原因

假設你是在市內擁有數家健身房的負責人。

最近健身房的解約人數增加，你想要解決這個問題，應該從什麼地方開始思考呢？

當然，關於解約人數增加，你可以：

‧導入續約會員的折價制度。
‧增加教室的瑜伽課程。
‧更新健身器材。

不過，你應該知道突然跳進「應該如何解決」＝「解決方式（How）」是大忌。

根據這樣的想法、經驗或直覺產生的先入為主，無法

令他人完全理解其效果，即使莽撞執行也有可能結果極差，最終落至浪費時間、金錢的下場。

另外，許多人會認為「為什麼解約人數增加？」＝「這就是真正的原因（Why）」。

這問題大家都會覺得是應該先著手的線索，但這種範圍過廣的問題，實際上應該包含更多原因。例如：

・待客服務是否變差？
・附近是不是出現新的同業競爭？
・健身房或淋浴間（浴室）是否太過擁擠？
・最近的客層是否萎縮？

一一列舉會沒完沒了，也無法確信是否網羅了所有原因。之後會解說是否該馬上切換問題，從「為什麼出錯」到「哪一部分出了錯」。

就這樣前進到 Why 模式思考的話，會淪於對全體會員發送問卷調查顧客滿意度的解決方式。接下來，就會捲入各種候補原因的漩渦，最終則因為無法鎖定主要原因而中途放棄。

結果只能實施靈光一閃的對策，或是一廂情願地重複以往習慣使用的對策，這正是所謂的浪費力氣。

透過 3W1H 有條理地解決問題

在此，3W1H 步驟就能派上用場。請見下圖。為了有效率並有條理地解決問題，我們應該腳踏實地遵循這個程序。

從左開始是①「設定問題（What）」→②「鎖定問題點（Where）」→③「探究問題原因（Why）」→④「思考解決方案（How）」，而最明顯的錯誤是如上述，偏重 How 或 Why 右半邊的做法。

雖然我們經常說解決問題要從 Why 追究起，或應該自問五遍 Why，但單就主體性過大的問題，就這樣進入 Why 反而更難解決。

圖表 4-2　從原因或解決方案來思考也沒用

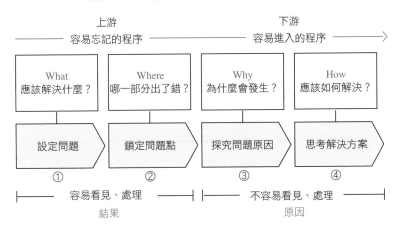

舉例來說，喜歡澡堂的年長會員與在健身房以鍛鍊為目的的肌肉會員，解約的理由便不盡相同。

　　一視同仁的追問解約的原因，只會出現各種不同模式的候補理由，更難縮小原因範圍。

不能混淆思考順序

　　當我們遇到某些問題時，如果太操之過急，直接跳入顯而易見並容易處理的 How 或 Why，大多時候只會走進死胡同。

　　問題解決或分析的鐵則，是從眼前看到的結果來回溯思考，這樣就能確切掌握問題並順利處理。

　　而結果則是上頁圖左半邊的 What 或 Where。這是現在的解決方案（How）結果，最大特徵是狀態已浮出水面，容易被看見並方便著手處理。從表面或數字能夠輕易捕捉到營業額、市占率、利潤、顧客滿意度等資訊或數據，又或是這次案例「解約人數增加」的現象。

　　另一方面，作為原因的 How 或 Why，牽扯了許多複雜的要素和原因，組合起來才會產生 Where 或 What 的結果。因此，這個機制本來就是較難被看見、分析的性質。

　　所以，能夠有條理解決問題的人，會從容易看見的 What 或 Where 要素出發，往原因方向的分析順序前進。也

就是從圖左到圖右的過程。

　　藉由審視較容易掌握的結果，發現原因的什麼跟什麼影響了現在的狀態，就能夠不遺漏、不先入為主地連接結果與原因。這樣一來便能準確分析案例。

　　詳細的順序及方法將在之後介紹，首先我希望大家理解，如果放任自己隨意思考，就會習慣從較難分析的解決方案或原因去思考，或是把原因和結果混為一談。

決定 What 與 Where
的兩個選項

如何鎖定問題點

關於先前介紹的 3W1H，我們希望深入探討的是左半邊、上游的程序。

在貿然進入「Why：探究問題原因」前，徹底探討顯而易見的結果「Where：鎖定問題點」＝「哪裡出了問題」是第一個重點。為了順利進行，首先我們必須要將整體的大問題分成更具體、詳細的單位。

例如健身房解約的人主要為：

・男性會員？女性會員？

・假日會員？平日會員？

・近距會員（居住在健身房半徑兩公里內的會員）？遠距會員（住在半徑五公里外的會員）？

・健身中心會員？教室課程會員？只使用澡堂的會員？

　　透過各種思考的切入點（也就是這些選項的組合），將大問題畫分成小問題，如果只認為「不好的部分（Where）」＝「解約人較多的層級」，就無法找出特定問題點。

　　「Where：鎖定問題點」，也就是「患部」。例如你有肚子痛的症狀，就是指肚子「哪裡」在痛。是胃痛還是腸痛呢？假設是胃痛的話，就能先鎖定到底是接近食道的胃上方，還是接近十二指腸的胃下方。

　　探討顯而易見的結果時，只要正確鎖定「患部」，探究原因（Why）和思考對策（How）就能順利進行。大家應該明白，只會說肚子痛這種大問題的人，以及能具體傳達患部（胃上方隱隱作痛）的人，醫生比較能對哪一種人進行有效的治療。

　　在分析問題時，最重要的是在進入處理眼睛看不見的原因、Why 步驟前，應該盡可能在前一步驟 Where，縮小原因的範圍。

透過正中要害的切入點來確定患部

　　在本次的健身房案例中，能透過幾個切入點與組合來分析解約者，徹查「Where：哪裡出了問題」是先決條件。

　　詳細步驟之後會解說，如下頁圖示，重點在於盡可能找出集中在問題所在（不好的部分）、正中要害的切入點。

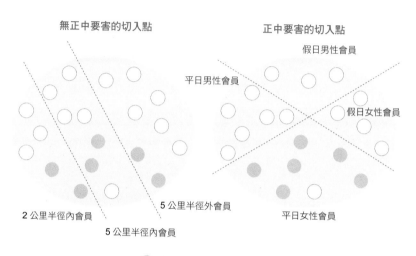

圖表 4-3　如何畫分健身房會員？

無正中要害的切入點

正中要害的切入點

假日男性會員

平日男性會員

假日女性會員

2 公里半徑內會員

5 公里半徑外會員

5 公里半徑內會員

平日女性會員

最近的解約會員（問題所在）

　　舉例來說，將「Where：問題點」縮小至使用教室頻率較高的 50 歲以上、平日女性會員，就容易思考原因（Why）來分析程序，也能順利連接至有條理的思考解決方案（How）。

　　解決問題的要訣，就是鎖定誰都能看見並能處理的問題點，盡最大的努力，而相反的，是盡早捨棄問題不大的部分。

如何適當地設定問題

還有一個在問題解決流程上游部分，比「Where：鎖定問題點」步驟更重要的「What：設定問題」。如果問題偏離靶心，無論後面的思考流程多優秀，都是浪費時間。

在分析問題時，認真思考源頭相當重要：「話說回來，為什麼這件事會成為問題？」「這真的是需要解決的問題嗎？」

舉此次案例，雖然我們一直把健身房解約人數增加當作問題的源頭，但請你懷疑一下，說實話，真的應該把這件事當作「問題」嗎？我們應該從這個問題開始思考嗎？

也許，這時期本來就是碰上人們遷徙的季節，所以解約人數自然較多。

又或者以解約率來看，其實業界都差不多，並沒有達到需要把它當作問題的標準。反而比起健身房解約人數增加這件事，應該把簽約人數沒有增加當作問題才對。

假設健身房的事業主軸是促進地區人民的健康，而地區住戶的簽約人數較少，或許才是真正的問題。

無論是哪個問題，根據設定「應該把什麼當作問題」「這是問題嗎」，應有的樣貌（目標）也會跟著改變。

這一點也會在後面章節詳細解說。

高績效的人會將論點導回上游

如前述，我們在問題發生後思考對策時，會太過急於解決問題，而將重點放在解決程序的右側下游。

「購買新的訓練儀器如何？」「延長營業時間如何？」「每年都贈送紀念品如何？」這些想法會搶先一步，導致突然就跳入 How 的決策，開始思考原本的問題 Why（原因）。

如下圖所示，如果把 3W1H 步驟放進腦袋裡的話，就能意識到把思考引導回左側上游相當重要。

圖表 4-4　不輸引力，將思考導回上游

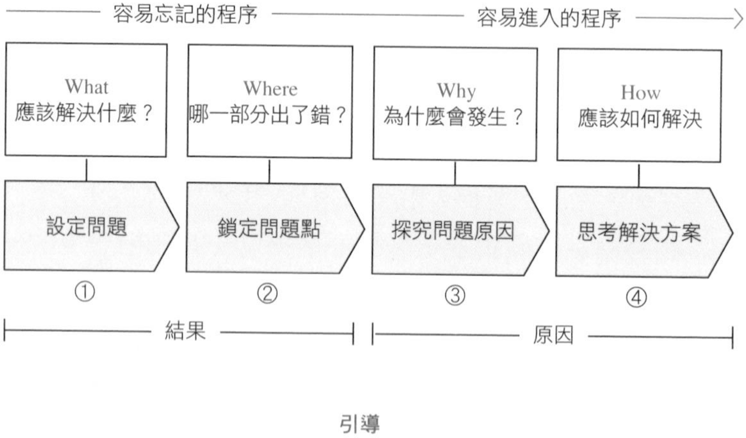

高績效的人在處理問題時，一定會「引導」。

例如在會議上，周圍的人如果只將注意力放在思考解決方案（How）的話，高績效的人會再次確認需要消除的原因（Why）。

如果周遭一面倒只集中在探究原因的話，他們就會把注意力轉回問題是由哪部分所引起，讓問題點（Where）更加明確。

或者思考：將關注點移到原本討論的主題是適切的嗎？引導回作爲起點的設定問題（What）是否適當？這跟第一章的回溯思考也有相通之處。

接下來，我們會透過綠色健康公司的案例，來思考問題解決的模式 3W1H 各自的步驟。

3W1H 的 What，要解決什麼？

你會怎樣重振業績？

我們再一次具體地來看問題解決的 3W1H 各步驟，有什麼需要留意之處或訣竅。大家可以挑戰以下案例。

綠色健康公司是在市內設立據點的健康飲料通訊販售公司，經營理念為「透過貨真價實、方便、美味的健康飲料，為延長人類健康壽命貢獻一己之力」。該公司即將在 2020 年迎來創立 20 週年，以現在（2015 年）的 1.5 倍營業額 21 億元、利潤 2 億元為目標，推動商業戰略。

綠色健康的主要商品為發酵飲品，營業總額是由野草系列、海藻系列和穀物系列的黑醋飲品（主原料為米、米麴）所組成。但其中占全營業額四分之三的主力為黑醋飲品。黑醋擁有減肥、恢復疲勞、預防成人疾病等美容及健康效果，最近人氣居高不下。

託了早幾年前就進入市場的高級黑醋飲品「KUROZU 的力量」熱門商品的福，加上以往的電話客服、傳真、網路的詢問和訂單，最近也搭上電視購物的新銷售渠道，

2013 年黑醋飲品的營業額急速成長至最高點的 12 億元。但這兩年來，營業額一直萎靡不振，2015 年的目標營業額本為 12 億元（再次挑戰 2013 年的金額），實際預估可能降至 10.3 億元。

健康飲品、食品市場，特別是發酵飲品，提高了人們的健康意識。並且根據廣告宣傳媒體的多樣化，不只以往的中高年階層，現今也擴散到年輕階層，穩固地擴大市場中。

但另一方面，相似的商品不斷增加，也促進了店鋪生態或網路渠道等銷售途徑的多元化，競爭相當激烈。

雖然綠色健康公司的目標是在 2016 年，將「說到黑醋就是綠色健康」的品牌認知度（品牌回想率）提高至 20％，但根據先前的調查結果，只停滯在 15％前後。

這樣一來，預測 2020 年的總營業額（野草系列、海藻系列、穀物黑醋系列總和），最多只會達到 15 億元（利潤為 1.5 億元），公司內部焦慮不安的情緒開始擴散。

你身為綠色健康公司的銷售企畫部主任，上司請你根據這次情況，組織專案小組來探討問題點與訂定對策。

首先，你應該確切思考專案最大的主題「應該解決的問題」，試著設定幾個問題。

掌握目標與現況的差距

接下來怎麼做呢？剛開始一定會出現不少問題，例如「黑醋飲品銷售低迷」「公司內部對業績的焦慮不安開始擴散」等，但僅靠這些問題會有點摸不著頭緒，無法理解真正的問題、問題程度和為什麼要把這問題當作問題等。

順帶一提，應該如何定義問題？一般在解決問題的情況下，我們把應有的樣貌（目標）與現況之間的差距稱為「問題」。

也就是說，當你著手解決問題時，首先要具體了解目標與現況，確切找出應該解決的問題。大家能具體想像出多少個綠色健康公司的應有樣貌（目標）呢？

如果目標不明確，就容易隨便把眼前看到的現象當作問題。另外，如果問題的定義一直很模糊，也無法前進到下一步。

如果我們把「組織非活性化」當作問題，你也不知道該如何解決吧？若向下深究，再舉出「工作人員之間的溝通沒有溫度」的問題，但實際上，要達到什麼程度才能感受到溫度，每個人的看法一定也不盡相同。

因此，問題設定便不夠充分，接下來的步驟分析也容易模糊，偏離軌道。

5W1H 讓你清楚設定問題的頭尾

那麼，應該如何做呢？在這種情況下，5W1H 最有效果（本節稱作 5W2H）。我們使用下列表格，能系統性地整理、篩選出問題要素到某種程度。雖然不需要填上所有項目，但透過仔細思考、確認每個項目，一定能清楚看穿問題的本質。此 5W1H 表格，在問題解決的其他步驟也能作為思考範本。

圖表 4-5　作為思考範本立大功的 5W2H

When	Where	Who	What	Why	How much	How

為了更有效地應用此固定公式，我想告訴大家幾個小訣竅，「誰（Who）」並不是自家公司、自己，而是顧客、客人，若能從最終目標的狀態開始發想，就能夠收穫不受想法制約的優秀點子。

另外，關於「為什麼（Why）」，請將「有什麼意義」「藉此能如何與優先目的做連結」等第一章介紹的 Big-Why 放在心中。

例如，「在 2020 年（When）的新興市場（Where），

我們團隊（Who）達成（How）X商品30億元（How much）的營業額（What）。」在這句子裡，為什麼、因為想要實現什麼、根據什麼理念，都相當明確。

「怎樣（How）」並非如何做，而是成為什麼樣子。例如以英文學習為例，並非「這個月我要每天做關係代名詞練習問題集」，而是「在這個月底前我要理解英文關係代名詞的使用方式」，避免套入結論方式（How）。

以長、中、短期三個模式來探討問題

綠色健康公司的問題設定，如右頁表所示。從案例的內容，我們可以分為長、中、短期三個模式來思考。

另外，重點在於表最下端的「問題」，應明確指出還沒達成的狀態。請注意，不要在想到的點子或結論中放入「Why：探究原因」或「How：解決方案」的要素。

例如，針對業務人員的生產率降低20％，不要放入與原因或對策結論相關的要素，像是：因為業務沒有好好對顧客說明、因為商品價格過高、因為業務沒有充分使用促銷工具等。這些都是之後的步驟才要思考的重點，在這階段就算有想法，也請不要記載到表格上。高績效的人絕不先入為主，一定要意識到照著步驟思考的根本行為。

圖 4-6　為了問題設定的 5W1(2)H

問題設定①　長期

	When （到何時）	Where （在哪裡）	Who （誰）	What （做什麼）	Why （為了什麼）	How much （什麼程度）	How （如何）
目標	2020 年 5 年後	-	顧客	綠色健康公司 的健康飲料	為了延長 健康壽命	21 億元 營業額	購買
現況	〃	-	〃	〃	〃	18 億元 營業額	〃
是否 有差距						○	

問題	現在的銷售進展對於 2020 年總營業額目標來說，短少 3 億元（15%）

問題設定②　中期

	When （到何時）	Where （在哪裡）	Who （誰）	What （做什麼）	Why （為了什麼）	How much （什麼程度）	How （如何）
目標	2016 年底	首都圈內	成為顧客對 象的人之中	綠色健康公司 「黑醋」的 品牌名	成為促進健康 的強力選擇	20%的人	知曉
現況	〃	市內	〃	〃	〃	15%的人	〃
是否 有差距		○				○	

問題	在現今情況，就算是侷限在比首都圈範圍更小的對象層級，認知度也比目標低 5%

問題設定③　短期

	When （到何時）	Where （在哪裡）	Who （誰）	What （做什麼）	Why （為了什麼）	How much （什麼程度）	How （如何）
目標	2015 年底 今年底	-	顧客	綠色健康公司 的黑醋飲品	增進美容效果 與健康	12 億元	購買
現況	〃	-	〃	〃	〃	10.6 億元	〃
是否 有差距						○	

問題	黑醋飲品的銷售進展，本期 2015 年的營業額目標短少了 1.4 億元（12%）

問題設定①【長期】

目標：「在 2020 年（5 年後）顧客爲了延長健康壽命，購買綠色健康公司的健康飲品 21 億元。」

現況：「顧客只購買了 18 億元。」

　　↓

問題：「現在的銷售進展，對於 2020 年總營業額目標來說，短少了 3 億元（差距 15％）。」

問題設定②【中期】

目標：「2016 年末，在首都圈，綠色健康公司黑醋飲品獲選爲增進健康的強力商品並擁有知名度。」

現況：「在市內只擁有 15％有限對象的知名度。」

　　↓

問題：「就算是侷限在比首都圈範圍更小的對象層級，認知度也比目標低 5％。」

問題設定③【短期】

目標：「本期 2015 年末，顧客爲了增進美容效果、健康，購買 12 億元的黑醋飲品。」

現況：「現在只購買了 10.6 億元。」

　　↓

問題：「黑醋飲品的銷售進展，本期 2015 年的營業額目標

短少了 1.4 億元（差距 12％）。」

　　如此一來，問題設定便不會以「黑醋飲品銷售低迷」「品牌認知度增進緩慢」等作結，透過在目標設置具體的數值或狀態，就能看見問題的大小或之後的步驟等方向。只要靈活應用 5W1H，就能將問題釐清到某種程度。

　　當然，除了長、中、短期三個模式以外，目標或問題也應該被考慮進去。問題有可能不是營業額，而應把注意力集中在獲利金額或獲利率，或是也有可能應該提高或降低營業額的層級。另外，不只是黑醋飲品，或許也該討論野草系列或海藻系列等其他商品。

　　套上 5W1H 的公式並不會自動決定應有的樣貌（目標），目標還是得靠自我意識來決定。因此，正確答案不會只有一個。

　　正因為自由度高，在目標設定的階段是沒辦法省略步驟的。我們應該探討的問題種類或大小也會跟著不同。問題或不是問題，以及是哪種程度的問題也會改變。

　　你必須深思熟慮符合優先目的（經營理念等）的主題是否充分，目標階層是否妥當，往後分析的方向性是否足夠具體到讓人理解。

　　如果出發點過於模糊，之後所有事都會偏離正軌，只是浪費時間、費用、勞力。正因如此，高績效的人會在各

步驟反覆斟酌。

　　以上是基於綠色健康公司案例所實踐的第一個步驟。在此雖然介紹了長、中、短期三個問題設定，但從下一節開始，我們將探討問題設定③短期的「黑醋飲品的銷售進展，本期 2015 年的營業額目標短少了 1.4 億元（差距 12%）。」

<table>
<tr><td>第
四
節</td><td>3W1H 的 Where，
問題在哪裡？</td></tr>
</table>

離目標業績有段差距的問題癥結點

接下來我們進入下一步，3W1H 的第二步驟 Where，找出問題出在哪裡。

假設你是綠色健康公司的銷售企畫部主任，必須針對目前黑醋飲料的銷售狀況尚未達成 2015 年業績目標（還差12%）這項問題進行探討，並成立專案小組。

就像先前健身房的案例一樣，你不應該突然跳至探討原因的「Why：探究問題原因」模式，應該先徹底執行更顯而易見且容易掌握的「Where：鎖定問題點」。所以，忍住想向 Why 勇往直衝的想法，先停留在 Where 階段，以深入探討的心情來面對吧！

也就是說，在「為什麼不好」之前，應該思考哪個環節出了錯。為此，首先你需要將最大的問題，分解成更具體、詳細的單位，再以數據檢視，確切找出「患部」所在。

那麼，為了尋找（切分）黑醋飲料未達業績目標的問題癥結，我們該以什麼樣的切入點來蒐集、調查資料呢？

請試著拆解實際營業額，來找出幾個切入點。

「我現在手中什麼資料都沒有……」若你抱持著這種想法，是無法前進到下一步的。請運用想像力，思考如果這是自己的工作，應該從什麼角度去分析。

・奢侈品？民生必需品？
・顧客的性別為？
・新客戶？老客戶？
・以購買金額來畫分？

分解大問題來發現問題點，成功關鍵就在於「切入點」。先思考幾個分解的切入點，然後盡可能地找出能集中在問題所在（不好的部分）的最佳切入點。

精準鎖定問題切入點的 5W1H

那麼，我們應該如何思考各種切入點呢？實際上，在綠色健康公司的案例也能應用 5W1H。

如右頁圖所示，從物品的觀點（What）、人的觀點（Who）、時間的觀點（When）、場所的觀點（Where），還有數字的觀點（How much）來思考的話，就能有系統地篩選出切入點。

使用這個思考範本，大略篩選出應該思考的要素。

圖表 4-7　為了精準鎖定問題切入點的 5W1(2)H

*Why 與 How 將在之後的步驟討論

When（時間的觀點）	Where（場所的觀點）	Who（人的觀點）	What（物品的觀點）	Why*	How much（數字的觀點）	How*
．季節、月分 ．星期別 ．訂購時間區間 ．促銷期間/平常期間 ．活動日/活動日之外	．寄送區域別（首都圈/首都圈以外） ．銷售通路＝訂購媒介（電話/傳真/網路/電視購物）	．新顧客/舊顧客 ．性別 ．年齡別 ．職業、年收入 ．舊顧客的訂購頻率/訂購金額/訂購次數等	．商品、品牌 ．商品功用 ．商品銷售時期 ．商品排行、價格區間（高級品、中級品、民生必需品）等 ．商品用途（自用、送人）	……	．業務人數 x 一天訂單金額 ．顧客數 x 每位顧客訂單金額 ．通路數 x 每通路的訂單金額	……

以這樣的 5W1H 架構為發想開端來思考，就能察覺至今從未想過的切入點或是視角。

最重要的是，並非毫無頭緒地抓出切入點，而是「從這個切入點操作的話會看見什麼」「如果這是問題的話，試著用這個切入點分析看看，也許能驗證出不同的事物」，要像這樣經常設定假說，找出問題點。

另外，我們在分析事物時，總是會傾向用同一個切入

點去看待。在環境變化快速的現代社會，絕對不能遺漏任何顧客的購買行動或需求、趨勢等變化。為了能適當地分析出問題點，5W1H 就非常派得上用場。

如果你至今都只專注在 What 的商品類別或商品價格區間，請試著挑戰用不同的模式來分析看看，例如用 Who 的新／舊客戶、顧客的訂購頻率、When 的活動日、Where 的配送區域等。並且，如果你都習慣用相加切入點來驗證問題所在，試試改以相乘切入點來分析，這樣的切換視角相當重要，接下來會進一步說明。

使用 5W1H 多方面地找出切入點，並反覆推敲假說中出現的切入點，再試著加以組合、深入思考，一定能夠得到新發現。

只要分析數字或數據，問題就變得清晰

若你是專案成員，仔細思考上述的切入點後，找出了幾個問題所在。

本季度 2015 年的黑醋飲料營業額，設定值（目標）為 12 億元，與過去最高營業額——兩年前 2013 年的黑醋飲料實際銷售數字金額相同，我們將這個數字作為比較基準，分析「Where：問題點」。

圖表 4-8　黑醋飲料營業額目標值（2013 年）
與現今（2015 年）之比較

2015 年
（2015 年目標值）

12 億元

舊客戶 7 億元
新客戶 5 億元 *

比較基準

2015 年
（預估）

10.6 億元

舊客戶 7.7 億元
新客戶 2.9 億元

本次檢討項目

＊新顧客：初次購買、未滿一年之客戶

具體內容如下表 1、2 的數據、資訊。

＊表 1　新客戶與舊客戶的詳細資料

	年	業績	購買人數	每人當年度購買金額	每次訂單金額	一年下訂次數
舊客戶	2013 年	7 億元	5.0 萬人	1.4 萬元	0.4 萬元	3.5 次
	2015 年	7.7 億元	5.5 萬人	1.4 萬元	0.4 萬元	3.5 次
新客戶	2013 年	5 億元	5.0 萬人	1 萬元	0.3 萬元	3.2 次
	2015 年	2.9 億元	5.5 萬人	0.5 萬元	0.3 萬元	1.6 次

＊表 2　新客戶之性別、年齡別的詳細資料

	男性		女性		總計
	未滿 50 歲	50 歲以上	未滿 50 歲	50 歲以上	
人數比例	10%	20%	20%	50%	100%
每次下訂金額	0.3 萬元	0.3 萬元	0.3 萬元	0.3 萬元	0.3 萬元
每人每年下訂次數	2.2 次	2.2 次	2.0 次	1.1 次	1.6 次

請挑戰從以上的數據、資訊中找出問題點。你可以使用下頁樹狀圖來思考，這樣較容易整理思緒。

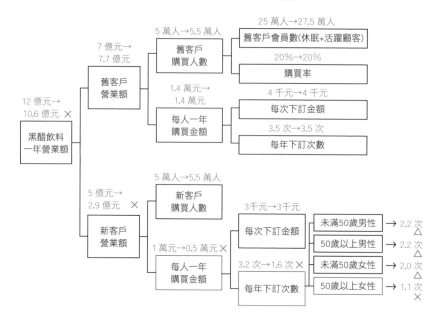

圖表 4-9　鎖定問題點的樹狀圖

好的，看起來如何呢？從表 1 看來，黑醋飲料營業額首先可以分為舊客戶營業額與新客戶營業額，接下來能再分解成購買人數與每人一年平均購買金額的乘法算式。

再來，每人一年平均購買金額可以分解成每次下訂金額與每年下訂次數的乘法算式。

整理到這裡就可以知道，如果與作為基準的 2013 年相比，構成新客戶營業額的每人一年購買金額，從 2013 年到 2015 年是減半的。

　　也就是說，我們可以知道問題不是出在單次的訂單金額，而是出在「訂購頻率」上。雖然目前只是從數據讀取到假設，但可以猜測平均只購買一次、不再回購的新顧客增加了。

　　再來，從表 2 可以知道新顧客的性別、年齡別的每人一年購買金額。無論是哪一階層的顧客，單次訂購金額（0.3 萬元）是不變的，所以可知差別是在「一年下訂次數」。

　　無論哪個顧客層都不及 2013 年的 3.2 次下訂，特別是 50 歲以上的女性下訂次數為 1.1 次，跟其他階層相比低了許多。而 50 歲以上的女性構成比例是 50％，與其他層相比又高許多。如此，我們可以判斷這些因素對於一年訂購次數減少是否有較大的影響。

縮小問題範圍時的兩個注意點

　　至此為止，5W1H 的 Who「新／舊客戶別」「性別」「年齡層別」這些加法的切入點，以及數字算式的視角（How much）之間幾個乘法切入點都發揮了作用。像這樣把全貌拆分成小單位，就能縮小問題點的範圍。但這時我希望你能注意以下兩點：

①是否不遺漏又不重複地分析？

　　需要分析的要素應該不遺漏又不重複地整理出來。如果漏掉重要點，或是同一個原因用數個切入點重複切入的話，不但會遺漏論點，就算鎖定了問題所在，也會出現模糊不清的地帶。這時，像這個案例一樣活用分解圖就能順利進行。

②鎖定問題點的標準是否明確？

　　在鎖定問題點時，不能模稜兩可，應該以明確的判斷標準來進行。為此，「與什麼比較」「以什麼樣的事實根據來找出問題點」這些基準，就必須相當明確。

　　像此次綠色健康公司的案例，藉由比較 2015 年目標營業額與 2013 年實際營業額，就能將數值差別較大的要素鎖定為問題點。

最佳的問題解決方法是欲速則不達

　　現實中能像此案例一樣，如此巧妙地縮小問題所在的情況可能不多。但如果說完全不去拆解，漠視問題點的話，也找不到解決的線索。

　　抱持假設，一邊嘗試不同的切入點，盡可能找出集中問題所在及容易切入的點。在繼續分析之前，排出優先順

序相當重要。

本次案例中，正因為從「關於黑醋飲料的問題是新顧客的營業額減少」，進一步縮小範圍至「關於黑醋飲料，新顧客的一年下訂次數（特別是 50 歲以上女性）減半（只購買過一次、沒有再次購買）為問題所在」。如此，之後步驟的原因分析會變得較簡單，也容易模擬出解決方案。

這種方法最適合用於解決問題，例如針對會議拖沓、家中散亂、組織溝通停滯等，如果只是投以「為什麼會這樣子」的疑問，無法解決問題。

在提出問題前，應該先自問：「什麼時候、怎樣的會議特別拖沓？」「家中哪個房間（部分）特別散亂？」「哪個層級、什麼樣的工作，溝通上特別緩慢？」

在致力解決問題時，想要一口氣全部解開造成這種結果的原因沒那麼容易。進入到為什麼會這樣（Why）之前，應該在前一個階段的「問題出在哪（Where）」，盡可能努力鑽研，才是順利解決問題的訣竅。

3W1H 的 Why，問題為什麼會發生？

深入探討鎖定的問題點

如果能夠完成應該思考的問題設定（What）、抽離找出問題所在的狀態（Where），接下來就是第三個步驟。在這步驟終於能夠探討引起問題的原因。

接續上個案例，我們使用綠色健康公司來進入問題解決的步驟。

你作為綠色健康公司的銷售企畫部主任，已經啟動了專案，並且將問題鎖定在「黑醋飲料新顧客的一年下訂次數減半」這一點。

具體來說，關於新顧客，2013 年的一年平均下訂次數為 3.2 次，2015 年卻減少至 1.6 次。也就是說，只購買一次並不持續回購的顧客增加了。

再加上，無論哪個層級的購買次數都減少了，其中主力購買階層的 50 歲女性也減少為 1.1 次，相對的影響程度也相當大。

那麼，讓我們列舉出各種為何新顧客一年下訂次數減

少（≒只購買一次、並不會再次購買的新顧客增加）的原因吧！

　　以下原因如何呢？

・因為感受不到效果。
・因為經濟方面的理由。
・因為商品說明很難理解。
・因為沒有動機促使人再次購買。
・因為訂單系統很難理解。

　　像這些隨機想到的理由，因為沒有統一思緒，就會沒範圍的出現各種大大小小的候補原因，最後變得很難整理。

　　在這個時間點，如果使用行銷的 4P，會讓人覺得應該能順利解決。只要按照「商品（Product）」「價格（Price）」「通路（Place：在此案例指訂單系統）」「促銷（Promotion：在此指網購或電話客服中心對顧客的說明）」，就能順利找到原因。

　　但是，如第三章所述，若真正符合 4P 行銷的架構，是否能為「只購買一次的不回購顧客」這種特定情況找到解決方法呢？這點我們抱持保留的態度。那麼，到底該怎麼做呢？

徹底調查清楚顧客的想法和行動程序

本節重點在於即使是探討問題原因的步驟，也應該盡可能從現在看到的真實狀態，也就是從結果來分析，而不是原因。

不去想「因為自己少做了哪些事」這種原因，而是思考「為什麼顧客沒有進入某種狀態」所造成的結果。在這順序之後，再把重點要素一一連結上。

如下圖，只購買一次的客戶到下次回購時，理想的情況會經過什麼程序，我們以顧客的角度來檢視他們的心理與行動。

圖表 4-10　　顧客回購之前的心理、行動程序

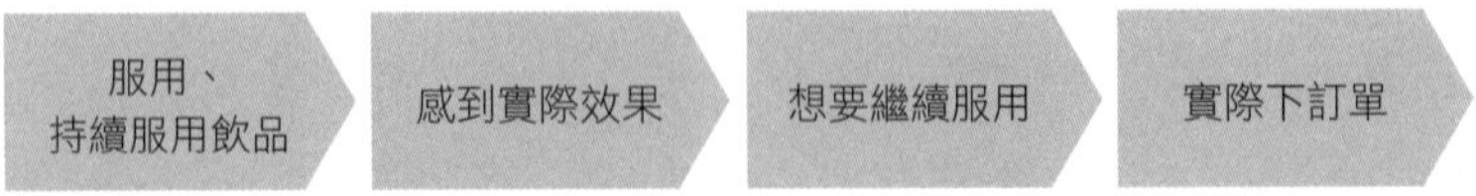

服用、持續服用飲品 → 感到實際效果 → 想要繼續服用 → 實際下訂單

重點不是自己做了什麼，而是對方是什麼狀態，我們應該在接受價值的那一方設下標準，找出原因。

舉例來說，你是某家店的店長，不應該用「廣告宣傳」→「接客」→「說明商品」→「銷售」這種以本身為主軸，應該以對象為主軸，綜觀「知道店鋪」→「進入店鋪」→「理解商品」→「購買」的整體程序，客觀找出哪個流程出了錯；

到購買的步驟前，哪一條線被切斷了？

就算你確認以本身為主軸的程序，只會得到「我明明有好好接客」「也有好好說明商品」的自我判斷，容易只看見自己關心的原因。正因如此，站在顧客的立場來發想是非常重要的。

例如，以顧客「不想做（不認同）」「不能做（能力上、物理上）」「不知道（沒有察覺）」這些心理狀態為基礎，仔細找出對方無法進入理想行動程序的原因。

①從顧客的立場列出原因清單

關於探究綠色健康公司的問題原因，我們應用上面的程序圖來實際了解情況。在此以「只喝一次」的狀態為出發點，篩選出不回購顧客的心理層面因素。

像這樣一邊想像顧客的行動程序與內心狀態，一邊思考的話，就能總結出範圍較廣、遺漏較少的候補原因。

如此，以下頁樹狀圖右側的假設原因清單為基礎，在專案中進行顧客問卷或意見調查，再縮小原因範圍。最後的結果就能縮減至藍色框內。

如果可以鎖定原因，接下來就應該思考「這些原因並非個別發生，是否有什麼連結（因果關係）存在」。

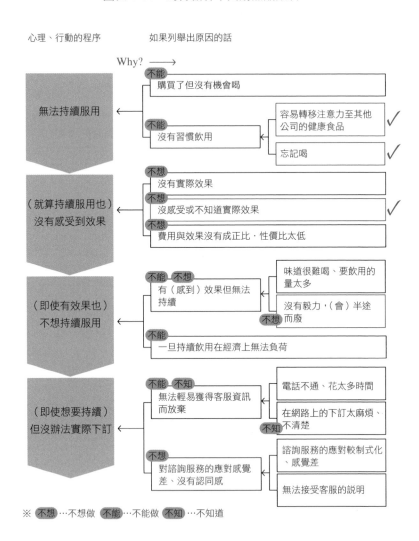

圖表 4-11　為何顧客不回購黑醋飲料？

心理、行動的程序　　　　如果列舉出原因的話

Why? ⟶

無法持續服用
- 不能　購買了但沒有機會喝
- 不能　沒有習慣飲用
  - 容易轉移注意力至其他公司的健康食品 ✓
  - 忘記喝 ✓

（就算持續服用也）沒有感受到效果
- 不想　沒有實際效果
- 不想　沒感受或不知道實際效果 ✓
- 不想　費用與效果沒有成正比，性價比太低

（即使有效果也）不想持續服用
- 不能　不想　有（感到）效果但無法持續
  - 味道很難喝、要飲用的量太多
  - 沒有毅力，（會）半途　不想　而廢
- 不能　一旦持續飲用在經濟上無法負荷

（即使想要持續）但沒辦法實際下訂
- 不能　不知　無法輕易獲得客服資訊而放棄
  - 電話不通、花太多時間
  - 在網路上的下訂太麻煩、不清楚　不知
- 不想　對諮詢服務的應對感覺差、沒有認同感
  - 諮詢服務的應對較制式化、感覺差
  - 無法接受客服的說明

※ 不想 …不想做　不能 …不能做　不知 …不知道

例如標記「✓」的原因，就可以認為有以下的關係。

圖表 4-12　顧客心理與行動的因果關係

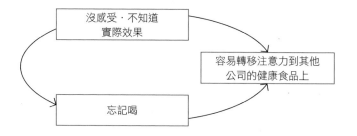

也就是說，雖然核心購買階層的 50 歲以上女性購買次數較少（1.1 次），但跟年輕階層相比，該年齡層較願意花時間在有減肥或美容效果的商品上，但如果沒辦法讓他們實際感受到效果，加上又是第一次購買，就會失去持續服用的意識（忘記喝）。

此外，我們也能做一個假設，此階層的人也許人脈網絡（口耳相傳）較廣，自然接觸健康相關資訊的機會也較多，只要沒有實際感受到效果，就會把注意力轉移至其他的健康食品。

透過具體檢視包含因果關係的假設原因清單，就能鎖定顧客在程序上最大的原因應為，「實際感受不到是否有效果」與「沒有毅力，中途就放棄」。

圖表 4-13　為何顧客不回購黑醋飲料？

心理、行動的程序　　　① 如果列舉出原因的話（212頁）

Why? ⟶

	不能 購買了但沒有機會喝	
無法持續服用	不能 沒有習慣飲用	容易轉移注意力至其他 公司的健康食品　✓
		忘記喝　✓

	不想 沒有實際效果
（就算持續服用也） 沒有感受到效果	不想 沒感受或不知道實際效果　✓
	不想 費用與效果沒有成正比，性價比太低

	不能　不想 有（感到）效果但無法 持續	味道很難喝、要飲用的 量太多
（即使有效果也） 不想持續服用		沒有毅力，（會）半途 不想　而廢
	不能 一旦持續飲用在經濟上無法負荷	

	不能　不知 無法輕易獲得客服資訊 而放棄	電話不通、花太多時間
（即使想要持續） 但沒辦法實際下訂		在網路上的下訂太麻煩、 不知　不清楚
	不想 對諮詢服務的應對感覺 差、沒有認同感	諮詢服務的應對較制式化 、感覺差
		無法接受客服的說明

※ 不想 …不想做　不能 …不能做　不知 …不知道

②歸納原因

沒有讓顧客徹底了解合理的服用時機、方法

沒有好好傳達與其他公司相比的效果與優勢

沒有持續服用的支持系統或後續追蹤

商品本身效用較小，短時間無法看見效果

沒有顯示出能感受到效果的明顯象徵

味道或服用劑量不容易入口

價格高昂，沒有下工夫在折扣制度或支付方法上

客服中心的人太少，系統作業有問題

網路下單系統有問題

客服中心的應對方式有問題

回答顧客的不滿或疑問時沒有推一把的說服力

②從公司的立場列舉出原因

我們已經根據顧客的心理找出原因，這次應該找出自己的狀態或是解決方案的主要原因。

在此像 214 頁一樣，盡可能想像顧客在接受商品或服務時的過程，一邊具體列舉出選項。

雖然會有許多原因浮出，但重要的還是排列優先順序。透過實際觀察現場或是意見調查等，選出重要的事物再去縮小範圍。

這樣一來，就可以將「因為顧客沒有持續飲用的支持系統或後續追蹤」，縮小至「因為顧客不能感受到商品有效果的明顯象徵」。

另外，如果你聚焦的原因只停留在負責人的幹勁不足、經驗不足這種程度，就代表你不夠深入探究原因。

幹勁不足、經驗不足只是因為某些機制或政策推動沒有順利進行。應該重複詢問自己為什麼，深入探究到出現解決方案的行動或建立機制的畫面，徹底找出原因。

這樣一來，若你已能具體鎖定為什麼的「Why」，便能進入如何做的「How」，進入實際解決問題的階段。

3W1H 的 How，
該怎麼做？

探究解決方案的方式

終於到第四步，也是最後的步驟。在這個步驟，我們會思考一些手段來解決前一個步驟「Why: 問題原因的探究」鎖定的本質性原因。只要深入探究到能夠出現解決方案的行動或建立機制的畫面，就能看見問題的原因。

但在這裡，我們並不鎖定某個行動，先篩選出多個可以想得到的解決方案選項。並且，以符合狀況的判斷基準來評斷並縮小這些解決方案，再落實到更具體的實行計畫上。

延續綠色健康公司的案例來思考看看吧！

你和專案成員一同調查新顧客每年下訂次數減半（沒有回購的客戶增加）的原因，從顧客的立場發現了兩個主要原因：①因為沒有毅力，所以中途放棄；②因為無法實際感受到效果。

再來，跟這兩個原因相關，綠色健康公司的內部原因則能夠鎖定為「沒有持續服用的支持系統或後續追蹤」與

「沒有顯示出能感受到效果的明顯象徵」。

我們來思考與①、②兩項有關，解決「（顧客）沒感受到商品有效果的明顯象徵」的原因對策吧！在此，我們能夠將原因仔細抽絲剝繭到能夠出現行動畫面的話，就將幾個方式具體化，再從中選擇。

怎麼做才能輕易想出多個解決方案的候補選項呢？

有系統地想出對策的 5W1H

在此我們可以使用 5W1H 的思考範本。如同下表，活用思考對策的實證。

不是突然決定或隨機提出詳盡的解決方案，而是透過 5W1H 層級自我檢討，在大致模式下根據不同的場景思考，就能有系統地拓展想法。

圖表 4-14　為了列舉出解決對策的 5W1(2) H

*Why 已在之前的步驟探討完畢

When （時間的觀點）	Where （場所的觀點）	Who （人的觀點）	What （物品的觀點）	Why* （目的的觀點）	How much （數字的觀點）	How* （手段）
時機 順序 ……	情況 場所 通路 ……	人 部門 ……	內容 工具 機制 ……	………	程度 次數 ……	媒介 傳遞方法 ……

　　但是在此，我們並不需要思考所有原因，在為了消除前一步驟鎖定的主要問題，選出三個左右的關鍵因素來活用是關鍵。

　　如下圖所示，選出「When：展示的時機」「What：提供的工具或系統」「How：傳遞的媒介」，再個別思考具體的內容。

　　請適當組合選出的原因，列舉出多個候補解決方案吧！

圖表 4-15　解決「沒感受到明顯效果」該如何是好？

When	Where	Who	What	Why	How much	How
展示時機為？			提供的工具或系統為？			傳遞的媒介為？
·使用商品的開始③ ·定期④ ·顧客詢問時⑤	……	……	·配合年齡提供一般會出現的效果的徵兆或變化等資料① ·根據每位顧客建立監測的系統②	……	……	·透過郵寄⑥ ·透過電話（客服）⑦ ·透過智慧型手機（照片或APP）⑧ ·實際拜訪⑨

圖表 4-16　組合並列舉成為關鍵要素的原因

What		When		How
提供的工具或系統？	＋	展示的時間？	＋	傳遞的媒介？
①、②		③～⑤		⑥～⑨

解決方案 1　提供①配合年齡一般會出現的效果的徵兆或變化等資料＋③使用商品的開始＋⑥郵寄

解決方案 2　提供①配合年齡一般會出現的效果的徵兆或變化等資料＋③使用商品的開始＋⑦用電話（客服）

解決方案 3　提供①配合年齡一般會出現的效果的徵兆或變化等資料＋③使用商品的開始＋⑧用智慧型手機（照片、APP）

解決方案 4～7　　①＋④＋⑥～⑨
解決方案 8～11　　①＋⑤＋⑥～⑨　　←（交替組合 What、When、
解決方案 12～15　②＋③＋⑥～⑨　　　　How 的要素）
解決方案 16～19　②＋④＋⑥～⑨

解決方案 16　提供②根據每位顧客建立監測的系統（例如黑醋減肥日記、黑醋疲勞恢復日記等）＋③使用商品的開始＋⑥郵寄（紙媒）

解決方案 17　提供②根據每位顧客建立監測的系統（例如有本人照片或數字圖表的黑醋減肥日記系統、黑醋疲勞恢復日記系統等）＋④定期＋⑧用智慧型手機（APP）

最佳計畫的判斷基準

接下來，將條列出來的解決選項，依據情況設定判斷基準（評價軸）來縮小範圍，決定實行的解決方案。

判斷基準各式各樣，例如效果（解決問題主因的影響程度）、成本（工時）、實現速度、實現可能性、靈活運用自家公司的優勢、公司內部規則的合適度、風險（副作用），根據當下的情況，這些基準的優先順序或制約條件也跟著不同。

例如，有些情況以實現速度為第一目標，也有些情況對使用的成本有所限制。仔細思量這些條件，決定應該選擇或加乘哪些判斷基準。

綠色健康公司的案例，專案相關者已將判斷基準決定為效果、成本（工時）和實現速度，我們將如下頁表格分別評價這些選項，討論出優先實施的解決方案。

根據這三個判斷基準，可以篩選出評價最高的是「定期使用智慧型手機的 APP，可監測每位顧客的效果或變化的系統（例如提供本人照片或數值圖表的互動式黑醋減肥日記、疲勞恢復日記等）」此解決方案。

當然，如果成本允許，也能用合併技能來實施其他解決方案，同時探討緊急處置的短期及長期解決方式。

我想應該有許多人覺得「How：思考解決方案」是最

圖表 4-17　用固定的評價軸來縮小候補解決方案範圍

具體的候補解決方案	效果	成本	速度	
在開始使用商品時，用郵寄方式提供能了解配合年齡一般會出現的效果的徵兆或變化等資料	×	○	△	
定期用郵寄方式提供能了解配合年齡一般會出現的效果的徵兆或變化等資料	△	○	○	
在顧客諮詢時，用郵寄的方式提供能了解一般（配合年齡）效果的徵兆或變化等資料	×	◎	○	
在開始使用商品時，用郵寄（紙媒）方式提供能根據顧客監測效果與變化的系統（例如黑醋減肥日記、疲勞恢復日記等）	△	○	○	
定期以智慧型手機 APP 提供能根據顧客監測效果與變化的系統（例如黑醋減肥日記、疲勞恢復日記等）	◎	○	○	✓
定期且持續追蹤，用電話方式提供能根據顧客監測效果與變化的系統（例如根據本人的照片或數值圖表的交流或關於效果進展的狀況可提出建議、激勵）	○	△	△	
定期且持續追蹤，用拜訪的方式提供能根據顧客監測效果與變化的系統（例如根據本人的照片或數值圖表的交流，或是關於效果進展的狀況可提出建議、激勵）	◎	×	×	

難的部分，但若你能在 Where 好好地篩選出問題點，在 Why 徹底發掘出影響力最大的要因，How 就沒有那麼困難。解決對策的好壞，是根據前一階段的好壞來決定的。

走到這一步，接下來就只剩製作具體的實行計畫。當然，這時也使用 5W1H，就能順利將其落實在更詳細的行動計畫。

5W1H 縱橫交錯下的美麗編織品

到這裡，我們使用了 3W1H 步驟，解決綠色健康公司課題的思考程序。

透過 3W1H 這種核心問題組合出的橫向過程，在各步驟中套進以 5W1H 為基礎觀點的工具，能夠形成非常強力的問題設定與解決方法。

在此，我要再次強調以本章開頭的健身俱樂部為例，應時常留意往程序上游 What 或 Where 導回，保持這種狀態來面對問題解決是相當重要的。

你的問題解決思考有幾分？ 答案與解說

（A是0分，B是20分）

Q1 針對組織中發生的問題，探討解決方案時？

A　重視過去的經驗或例子，從一開始就決定解決方案。

B　列出多個選擇方案，決定數個判斷基準再選擇最佳方案。

　　並不是說參考以往經驗或例子是壞事，根據問題的種類，這種方法也有有效的時候。但如今經營環境變化快速，如彼得・杜拉克所言：「今日的常識將成為明日的非常識（昨日的常識將成為今日的非常識）。」這句格言將會頻繁地發生。理所當然，先不論直覺、經驗、膽量，先入為主的解決方案有可能成為致命傷。

　　說到底，應該像B答案一樣，在徹底理解本質性的問題（原因）後，廣泛思考解決方案選項，一邊透過思考程序找出客觀的判斷基準，一邊縮小問題範圍，提高身邊人對你的認同。

Q2 針對問題分析，處理情報時應該？

　　A　總之，盡可能蒐集大量情報。
　　B　先設定假說，再獲取情報。

　　在第三章的 Q5，我們談論了如何處理製作報告資料時所需的情報，問題解決也一樣，也就是我們需要 B 選項的「假設思考」。在現今的時代，我們可以輕易（立刻）獲得需要的情報與大數據，可怕的是，也容易溺斃於情報的洪水，無法準確分析或是依自我意志決定解決方案。

　　例如你為了解決進貨問題而拜訪交易商或是第一次去拜訪新客戶時，你是否（不帶有假設）雙手空空地就去了？還是只準備了一份問卷或商品目錄？當你到顧客或是交易商那裡蒐集情報時，如果是抱持「是否擁有這個問題（需求）」「這種機制是否能讓業務順利進行」等假設，對方的應對（信賴程度）與工作進度將會完全不同。

　　就算弄錯也沒關係，用自己設想的假說來嘗試才是有意義的。如此，能達到客戶本質性的需求，討論也能更加深入。所以，並非正確的假說很重要，而是為了正確調查情況準備假說很重要。

Q3 當業務部的上司問你：「營業額雖然穩定成長，但是最近拜訪客戶的次數卻減少了。這是一個大問題，你覺得應該如何是好？」

A 回答：「的確問題很大呢！我馬上調查看看！」
B 回答：「我們首先要思考這件事是不是一個問題。」

這問題是關於設定問題（What）的部分。重點在你應該懷疑設定為出發點的問題適切性。不該像 A 回答一樣，把上司或顧客告訴你的課題就這樣當作問題，而要像 B 一樣抱持疑問：我們真的應該思考這個課題嗎？

我們總是覺得「頻繁拜訪顧客」「降低價格比較能大賣」是好的，我們習慣全盤接受以前保留下來、看似正確的事情。但是在這個案例中，比起拜訪次數，也許更應該把每次拜訪的業務效果減弱，當作核心疑問（問題）來思考。最終，正確的問題才會產生正確的答案。

Q4 當你知道比起去年同時期，部門的營業額減少時？
A 首先思考「為什麼減少」。
B 首先思考「哪裡（什麼）減少」。

發生問題時，我們經常會被要求追溯原因、重複五次為什麼。其實只要了解本質性的原因，就能輕易思考出有

效的解決方案。思考本身沒有錯，但重要的是提出為什麼的時間點（順序）。

　　就算你突然自我詰問：「為什麼營業額減少？原因為何？」但其實原因還是包含了很多可能性。與其如此，不如縮小問題範圍後再來探究原因，這樣就能有條理地解決問題，這就是本章希望大家知道的重點。請你耐住性子，不要一頭栽進某個原因，應該先縮小患部（問題點），例如「哪個產品」「哪個月分」「哪個團隊」「哪個顧客階層」，如此便能容易追溯原因，有效率地思考。總之，為什麼（Why）之前應該是哪裡（Where）。

Q5　當你身為店長，需要思考最近來店後沒買東西就離開的顧客為何增加的原因時？

> A　想想自己有做跟沒做到的事。
> B　首先觀察顧客從來店到購買的程序，站在顧客的立場篩選出可以想得到的原因。

　　在這種情形，我們容易陷入的陷阱就是一頭栽入自己做的事，也就是公司端的問題分析。例如：店員沒有好好打招呼、商品跟不上流行、店員的應對方式很差、價格比敵對商店高等，只把注意力放在眼前的事物或努力的事情上，卻經常錯過客戶真正不購物的理由。

　　實際舉個服裝店的例子，來店的顧客購買率下降的理由之一是因為「試穿很麻煩」，挑了衣服後不想試就離去。

原本店家的試衣間散布在店內各處，但考慮到營運效率，就把試衣間集中在店面的某一個角落，這樣反而讓顧客沒辦法輕鬆試穿。這樣的瓶頸就跟 B 答案一樣，要試著從對象（客戶端）的角度找出購買心理或行動程序才對。

結語 / 簡單思考，簡單突破

　　感謝你一路讀到最後。至今我學習了許多商業思考架構，並將其傳授給許多人。從經營理論到分析工具，接著到思考、發想法等，商業上使用的架構，種類多樣且多元。引進型態和對象也各不相同。有時在顧問計畫中，會活用在對核心事業領袖們分析經營課題或解決方式上；有時在對公司的新進社員或中堅階層的共同研修中，能作為彼此的共通語言；或是在商學院裡透過案例研究，讓學員能深入學習。不管是哪種情況，聽到的回饋大多都是架構「還算有用」，並有所成果。

　　另一方面，雖然不多，但也從企業客戶的經營企畫人、開課的人資負責人或學校的學員那裡聽到這些意見。大家都非常抱歉地告訴我：

・難得學到這些內容，卻沒有能活用在業務上的機會。
・有太多種選擇，不知道該在哪個場合用哪種才好。
・分析方法很複雜，無法確定自己有沒有好好使用。

「沒有機會」「不會選」「無法確定」等負面聲音，在我的腦中日漸增長。

我明明已經告訴大家這些是可以輕鬆思考的工具，大家卻不這麼覺得……我的無力感日漸攀升，嘆氣的日子也越變越多。

這時，我獲得了訪問某知名企業經營者的機會。那家企業是由兩間公司合併而成，面對必須盡早融合兩家不同組織文化的情況。成功做到這件事的經營者告訴我：「我特別留意的就是下決定時，一定要確定 5W1H。簡單思考，簡單突破。僅是如此。」

這句話在我腦中迴盪，感覺某個東西解開了。對啊，說到底，商業跟工作就是 5W1H 的集合體。無論用多帥氣的架構去進行很難的分析，結果還是要簡單地套用在 5W1H 才行。這就是我重新體會這個單純概念的瞬間。

我也想起在某個研習會中，介紹了各種架構，最後發表時，不知為何許多組別都選用最熟悉的 5W1H 來發表結果、用 5W1H 的變形構成來重新修改提案書……想到這些經驗，我苦笑了一下。

就這樣，我與自己的戰鬥又開始了。盡可能地加工這個大家熟悉的 5W1H，讓每個人在商業上的各種場合都能有效使用。

就像前言介紹的，我們學習 5W1H 的機會非常有限，

但是進社會之後（能）用到的機會又非常多。我想努力填補之間的差距。這個想法讓我在經過多次實踐與嘗試後，最後集大成，而有了這本書。

　　不只是在商業上，世上各種阻礙或人生煩惱，全都是來自 5W1H 裡的小差錯或曖昧不清。

　　可惜的是，我們常被複雜社會中多到滿溢出來的情報或枝微末節迷惑，差點迷失事物的本質。

　　這時，簡單又強力的 5W1H 提問，才能真正給予我們新發現及說服力。

　　請務必活用在各種場合。

　　最後，要感謝至今一直給我珍貴意見的各位經營者，還有平常就關照我的客戶及學員們，與使我成長的前公司、特別是 GLOBIS 的前輩們，以及一直斥責、激勵我的朋友們。

　　並感謝總是陪在我身邊，支持我的家人。

Eurasian Publishing Group
圓神出版事業機構
用心 與你對話．視野無限寬廣

方智出版社
Fine Press

www.booklife.com.tw　　reader@mail.eurasian.com.tw

生涯智庫 175

5W1H經典思考法：容易獲得成果的人都在用

作　　者／渡邊光太郎
譯　　者／高宜汝
發 行 人／簡志忠
出 版 者／方智出版社股份有限公司
地　　址／台北市南京東路四段50號6樓之1
電　　話／（02）2579-6600・2579-8800・2570-3939
傳　　真／（02）2579-0338・2577-3220・2570-3636
總 編 輯／陳秋月
副總編輯／賴良珠
主　　編／黃淑雲
責任編輯／胡靜佳
校　　對／胡靜佳・陳孟君
美術編輯／林韋伶
行銷企畫／詹怡慧・黃惟儂
印務統籌／劉鳳剛・高榮祥
監　　印／高榮祥
排　　版／陳采淇
經 銷 商／叩應股份有限公司
郵撥帳號／18707239
法律顧問／圓神出版事業機構法律顧問　蕭雄淋律師
印　　刷／祥峰印刷廠
2019 年 12 月　初版
2022 年 10 月　4 刷

Shinpurunikekkawodasuhitono 5W1H Shikou
Copyright © KOTARO WATANABE 2017,
Chinese translation rights in complex characters arranged with Subarusya Co., Ltd.
through Lanka Creative Partners co., Ltd.
Complex Chinese translation copyright © 2019 by Fine PRESS, an imprint of
EURASIAN PUBLISHING GROUP
All rights reserved.

定價280 元　　　　ISBN 978-986-175-386-7　　　版權所有・翻印必究
◎本書如有缺頁、破損、裝訂錯誤，請寄回本公司調換　　Printed in Taiwan

你本來就應該得到生命所必須給你的一切美好！

祕密，就是過去、現在和未來的一切解答。

——《The Secret 祕密》

◆ **很喜歡這本書，很想要分享**

圓神書活網線上提供團購優惠，

或洽讀者服務部 02-2579-6600。

◆ **美好生活的提案家，期待為您服務**

圓神書活網 www.Booklife.com.tw

非會員歡迎體驗優惠，會員獨享累計福利！

國家圖書館出版品預行編目資料

5W1H經典思考法：容易獲得成果的人都在用／渡邊光太郎 著；高宜汝 譯.
-- 初版. -- 臺北市：方智，2019.12
240面；14.8×20.8 公分. --（生涯智庫；175）
譯自：シンプルに結果を出す人の5W1H思考
ISBN 978-986-175-386-7（平裝）

1.職場成功法 2.思考

494.35   108016689